"十二五"职业教育国家规划立项教材

制冷和空调系统给排水

主　编　赵继洪

参　编　刘瑞新　曲雪冬　赵秋军
　　　　吴万林

主　审　刘彦明

机械工业出版社
CHINA MACHINE PRESS

本书是"十二五"职业教育国家规划立项教材，是根据教育部于2014年公布的《职业院校制冷和空调设备运行与维修专业教学标准》，同时参考制冷设备维修工、制冷工职业资格标准编写的。

本书内容包括给排水设备系统与管理工作、给排水处理方法及工艺、制冷和空调给排水常用设备及设施、空调水系统管网设计与施工、冷库给排水系统管网设计五个单元，每个单元设计了相应的相关知识和典型实例。

本书可作为职业院校制冷和空调设备运行与维修专业教材，也可作为制冷设备维修工、制冷工岗位培训教材。

为便于教学，本书配套有教学资源，选择本书作为教材的教师可来电（010-88379193）索取，或登录 www.cmpedu.com 网站，注册后免费下载。

图书在版编目（CIP）数据

制冷和空调系统给排水/赵继洪主编. —北京：机械工业出版社，2016.12（2023.6 重印）
"十二五"职业教育国家规划立项教材
ISBN 978-7-111-54788-4

Ⅰ.①制… Ⅱ.①赵… Ⅲ.①制冷系统－给排水系统－高等职业教育－教学参考资料②空气调节系统－给排水系统－高等职业教育－教学参考资料 Ⅳ.①TB657②TU831.3

中国版本图书馆 CIP 数据核字（2016）第 214360 号

机械工业出版社（北京市百万庄大街 22 号　邮政编码 100037）
策划编辑：汪光灿　　　　　责任编辑：汪光灿　郭克学
责任校对：张　薇　杜雨霏　封面设计：张　静
责任印制：常天培
北京机工印刷厂有限公司印刷
2023 年 6 月第 1 版第 3 次印刷
184mm×260mm · 12.75 印张 · 1 插页 · 310 千字
标准书号：ISBN 978-7-111-54788-4
定价：39.00 元

电话服务　　　　　　　　　　　网络服务
客服电话：010-88361066　　　　机 工 官 网：www.cmpbook.com
　　　　　010-88379833　　　　机 工 官 博：weibo.com/cmp1952
　　　　　010-68326294　　　　金 书 网：www.golden-book.com
封底无防伪标均为盗版　　　机工教育服务网：www.cmpedu.com

前　言

本书是根据教育部《关于职业教育专业技能课教材选题立项的函》（教职成司［2012］95号），由全国机械职业教育教学指导委员会和机械工业出版社联合组织编写的"十二五"职业教育国家规划立项教材，是根据教育部于2014年公布的《职业院校制冷和空调设备运行与维修专业教学标准》，同时参考制冷设备维修工、制冷工职业资格标准编写的。

本书主要介绍给排水设备系统与管理工作、给排水处理方法及工艺、制冷和空调给排水常用设备及设施、空调水系统管网设计与施工、冷库给排水系统管网设计等内容。本书重点强调培养学生的综合职业能力，编写过程中力求体现以下特色。

1. 执行新标准。本书依据最新教学标准和课程大纲的要求编写，对接制冷设备维修工、制冷工职业标准和岗位需求。

2. 体现新模式。本书采用理实一体化的编写模式，突出"做中教，做中学"的职业教育特色。

3. 吸收企业技术人员参与教材编写，紧密结合工作岗位，与职业岗位对接；选取的案例贴近生产实际；将创新理念贯彻到内容选取、教材体例等方面。

本书突出对学生能力的培养，在保证理论够用的基础上，侧重应用，培养学生适应职业变化的能力，使学生初步具备严谨的思维能力和分析问题的能力。在每一单元教学内容前有内容构架和学习引导，教学内容之后有一定量的习题，每一课题的学习内容按照相关知识、典型实例展开，方便实用。

本书建议学时为68学时，具体学时分配见下表。

单元	建议学时	单元	建议学时	单元	建议学时
单元一	4	单元三	20	单元五	20
单元二	8	单元四	14	机动	2
总计			68		

本书由赵继洪任主编并负责全书的统稿工作，由刘彦明任主审。参加编写的还有刘瑞新、曲雪冬、赵秋军和约克中国商贸有限公司吴万林。编写过程中，编者参阅了国内出版的有关教材和资料，在此一并表示衷心感谢！

由于编者水平有限，书中不妥之处在所难免，恳请读者批评指正。

编　者

目　录

单元一

给排水设备系统与管理工作

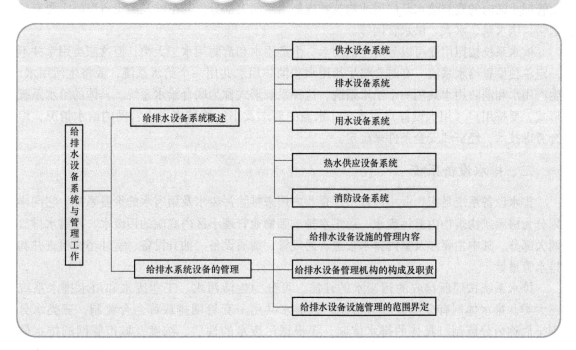

内 容 构 架

```
                              ┌─ 供水设备系统
                              │
                              ├─ 排水设备系统
                              │
                ┌─ 给排水设备系统概述 ─┼─ 用水设备系统
                │                    │
给              │                    ├─ 热水供应设备系统
排              │                    │
水              │                    └─ 消防设备系统
设              │
备              │
系              │
统              │
与              │
管              │                    ┌─ 给排水设备设施的管理内容
理              │                    │
工              └─ 给排水系统设备的管理 ─┼─ 给排水设备管理机构的构成及职责
作                                   │
                                     └─ 给排水设备设施管理的范围界定
```

【学习引导】

目的与要求

1. 了解给排水设备系统的类型和组成，能识别各种给排水设备系统。

2. 熟悉给排水设备设施的管理内容、给排水设备管理机构的构成及职责和给排水设备设施管理的范围界定等内容。

重点与难点

学习难点：给排水设备系统的组成和给排水设备管理机构的构成及职责。

学习重点：给排水设备系统的类型和给排水设备设施的管理内容。

水是人类生存的最基本的要素，是建筑物使用功能的保障条件之一。建筑项目中的给排水设备系统的工作正常与否，直接影响到使用人的工作、生活和建筑功能的发挥。

课题一　给排水设备系统概述

【相关知识】

建筑给排水设备系统是指城镇和工厂企业内的各种冷水、热水、开水供应和污水排放的工程设施的总称，主要包括供水设备系统、排水设备系统、用水设备系统、热水供应设备系统和消防设备系统。

一、供水设备系统

供水设备系统是指建筑小区内通过城市供水管网供入的给水设备系统。它可以划分为物业管理小区内的庭院给水及房屋或构筑物内部给水两大部分，其中涉及的设备设施主要有供水箱、供水泵、水表、供水管网等。

供水系统按照用途可以分为生活用水、生产用水和消防用水三大类，但这三类用水并不一定单独设置给水系统。有时会将生活用水和消防用水共用一个给水系统，或将生活用水、生产用水和消防用水共用一个给水系统，这种系统形式称为联合给水系统。具体的给水系统形式，要按用户（用水设备）对水质、水温的要求及小区外城市供水管网的给水情况，综合考虑技术、经济和安全条件来确定。

二、排水设备系统

排水设备系统是指物业小区或工厂企业内用来排除污废水及雨雪水的设备系统。它同样划分为房屋或构筑物内部污废水、雨雪水排放和物业管理小区内庭院的污废水、雨雪水排放两大部分。其中主要涉及室内排水管道、通气管、清通设备、抽升设备、室外小区检查井和排水管道等。

排水系统按照所接收的污废水的性质，可分为生活污水、工业废水和雨水排水系统三大类。排水体制有分流制和合流制。三类水共用一套管网排放称为合流制，三类水分别排放称为分流制。具体的排水体制，要根据污废水的性质、浓度及城市管网的排水体制而定。

三、用水设备系统

用水设备是指建筑物内或构筑物内各类卫生器具和生产用水设备，主要包括洗脸盆、洗涤盆、浴盆、便器、喷头及各种绿化洒水设备等。

四、热水供应设备系统

热水供应设备系统是指为满足对水温的某些特定要求而设置的设备系统，通常包括开水供应和热水供应设备。其中涉及的设备包括淋浴器、供热水管道、热循环管、热水表、加热器、温度调节器、减压阀等。

五、消防设备系统

建筑物或构筑物内的消防设备系统及物业管理小区庭院内的消防设备系统，主要包括消防箱、供水箱、各式消防喷头、消火栓、消防泵等，如图 1-1 所示。

a)   b)   c)

图 1-1　消防设备系统
a）消火栓　b）消防泵　c）消防喷头

【典型实例】

【实例 1】 建筑室内给水系统的结构

建筑室内给水系统一般通过室外给水管网和室内给水管网将市政自来水输送和分配到备用水地点，并保证足够的水压和水质。如图 1-2 所示，室内给水系统通常由引入管、水平干管、立管、支管和给水附件等组成。

（1）引入管：又称进户管，是将水自室外总管通过建筑物外墙引向室内的水平管段。

（2）水平干管：又称横干管，是自引入管至各立管间的水平管段。

（3）立管：又称竖管，是自水平干管沿垂直方向将水送至各楼层支管的管段。

（4）支管：又称配水管，是自立管至配水龙头或用水设备之间的短管。

（5）计量设备。室内给水通常采用水表计量。必须单独计量水量的建筑物，应在引入管上装设水表；建筑物的某部分和个别设备需计量水量时，应在其配水支管上装设水表；对于民用住宅，还应安装分户水表，分户水表设在分户支管上。

（6）给水附件：是指用以控制水量和关闭水流的各种阀门，如闸阀、止回阀等各式阀类及各式配水龙头等。

（7）升压和贮水设备。当室外给水管网压力不足或建筑物内部对安全供水、水压稳定有要求时，需设置各种附属设备，如水箱、水泵、气压装置、水池等升压和贮水设备。

（8）室内消防设备。按照建筑物的防火要求及规定需要设置消防给水时，一般应设消火栓。有特殊要求时，另专门装设自动喷水灭火设备或水幕灭火设备等。

升压设备和消防设备需根据建筑物的性质、高度、消防要求及室外给水管网所能提供的水压等各种不同因素，综合考虑设置问题。

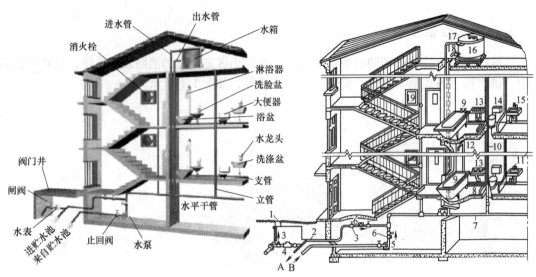

图 1-2　建筑室内给水系统

1—阀门井　2—引入管　3—闸阀　4—水表　5—水泵　6—止回阀　7—水平干管　8—支管　9—浴盆
10—立管　11—水龙头　12—淋浴器　13—洗脸盆　14—大便器　15—洗涤盆　16—水箱　17—进水管
18—出水管　19—消火栓　A—进贮水池　B—来自贮水池

【实例2】 建筑室内排水系统及卫生间用水设备

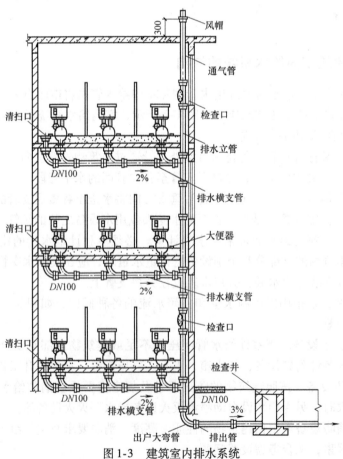

图 1-3　建筑室内排水系统

建筑排水系统一般由室内排水管道系统及设备、室外排水管道系统及提升设备、污水处理系统等组成。建筑室内排水系统，包括污废水收集器、卫生器具或生产设备、排水管道、通气管等，如图1-3所示。建筑室内卫生间用水设备如图1-4所示，主要包括洗脸盆、浴盆、大便器、喷头等。

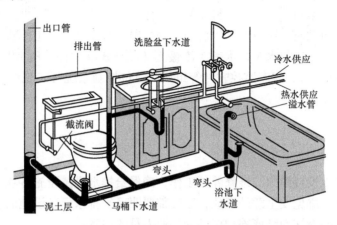

图1-4 建筑室内卫生间用水设备

【实例3】 TRY—PS—P2 给排水设备安装与控制装置

TRY—PS—P2 给排水设备安装与控制装置，如图1-5所示。该实训装置根据建筑行业中住宅和工业场所给排水工程系统的特点，采用工程对象系统设计实训模型，通过该装置的操作训练可考核学生对给排水设备安装与控制的综合能力，如管材切割与连接、管道安装、设备安装、电气安装、设备接线、编程控制、故障排查等。

给排水实训模型整体采用不锈钢框架进行设计，主要给排水管道设备安装在钢架底座上，具备开放式的特点，由生活给水系统、消防给水系统、热水给水系统、排水系统和控制系统五个部分组成。

生活给水系统主要由给水箱、给水泵、给水管道、压力变送器、脉冲水表、水龙

图1-5 TRY—PS—P2 给排水设备安装与控制装置

头和淋浴器等组成。管路采用不锈钢复合管进行设计，可进行不锈钢复合管的切割、安装和通水试验操作，通过控制系统可实现生活给水系统的变频恒压供水功能，实现单泵变频控制或双泵切换控制等功能；通过脉冲式水表可以完成用水量的计量。

消防给水系统主要由给水箱、喷淋泵、稳压罐、湿式报警阀、压力开关、水流指示器、消防给水管道、闭式喷淋头等组成。管路采用镀锌钢管进行设计，可进行镀锌钢管的切割、套螺纹、安装和通水试验操作，通过控制系统可实现喷淋灭火功能。

热水给水系统主要由电加热锅炉、热水给水管道、水龙头和淋浴器等组成。管路采用

PPR 管进行设计，可进行 PPR 管的切割、熔接、安装和通水试验操作，可对锅炉进行温度调节控制操作。

排水系统主要由污水箱、液位传感器、排水泵、排水管道和水处理单元等组成。排水管路主要采用 UPVC 管进行设计，可进行 UPVC 管的切割、粘接、安装和通水试验操作，结合控制系统可实现污水箱的水位检测和排水泵的启停控制等功能。

给排水自动控制系统主要由电气控制柜、触摸屏、操作开关、工作状态指示灯、PLC 控制器、变频器、低压电气、水泵、水表、传感器（浮球式液位计、压力开关、水流指示器、信号蝶阀、压力变送器）、组态监控软件等组成。通过控制系统可实现给排水系统的自动化控制功能。

课题二　给排水系统设备的管理

为了规范给排水设备设施的维修养护工作，确保给排水设备设施各项性能良好，延长设备设施的使用寿命，避免发生意外事故，工程部要明确给排水设备设施的管理内容和管理范围，确定给排水设备设施的维修养护标准和作业人员的职责。

一、给排水设备设施的管理内容

给排水设备设施管理主要是针对给排水系统中所涉及的各种设备及管道等的日常操作运行、维护等的管理活动，包括物业管理公司对所管辖区内给排水系统的计划性养护、零星返修和改善添装。如检查井、化粪池的定期清掏，消防水箱定期调水放水，消防泵定期试泵等都属于给排水设备设施的管理范畴。

给排水设备设施管理的内容涉及很多方面，应根据具体的给排水系统及设备种类而定，但一般主要包括以下几个方面。

1. 给排水设备设施的基础资料管理

给排水设备设施基础资料管理的主要内容是建立给排水设备设施管理原始资料档案和设备维修资料档案。所有给排水设备设施（包括其余的如供暖、空调等）接管后均应建立原始资料档案，主要有产品与配套件的合格证、竣工图、给排水设备的检验合格证书、供水的试压报告等；建立设备卡片，应记录有关设备的各项明细资料，如给排水设备类别、型号、名称、规格、技术特征、开始使用日期等。

给排水设备设施的维修档案资料主要有：报修单（每次维修填写的报修单按月、季统计装订，维修管理部门负责保管以备存查），运行记录（值班人员每天填写设备运行记录，以备存查），检查记录（平时的设备检查记录），运行月报（管理部门每月上报一次运行情况总结），考评资料（定期或不定期检查并记录奖罚情况，每年归纳汇总、装订保存），技术革新资料，设备运行的改进、设备更新、技术改进措施等资料。

2. 给排水设备设施的日常操作管理

给排水设备设施日常操作管理的内容主要是规范给排水设备的操作程序，确保正确安全地操作给排水设备设施。

3. 给排水设备设施运行管理

给排水设备设施运行管理的内容是建立合理的运行制度和运行操作规定，确保给排水设备设施良好运行。

4. 给排水设备设施的维修养护管理

给排水设备设施的维修养护管理是根据给排水设备设施的性能，按照一定的科学管理程序和制度，以一定的技术管理要求，对设备进行日常养护和维修更新，确保给排水设备设施性能良好。

5. 文明安全管理

文明安全管理的内容是对给排水设备设施的运行操作、使用进行文明安全管理，定期检查操作人员、维修人员的安全操作，并进行安全作业训练，还要建立安全责任制和对用户进行安全教育，宣传一些安全规范的使用知识。

二、给排水设备管理机构的构成及职责

给排水设备设施的维修、保养、日常操作及运行管理工作一般由物业公司工程部完成。

1. 运行组人员的职责

运行组人员的主要职责有：负责所管辖范围内机电设备的运行，处理一些一般性故障，协助维修组人员进行设备设施的维修保养工作，及时向管理组或经理汇报发生的问题，必须对所管辖范围内的供水及设备情况有详尽了解；掌握相关设备的操作程序和应急处理措施；定时巡视设备运行情况，并做好巡查记录和值班记录；记录维修投诉情况，并及时处理；保持值班室、设备及水泵房等清洁有序；负责设备房的安全管理工作，禁止非工作人员进入，做好防水、防火、防小动物的安全管理工作；遇突发事故，采取应急措施，迅速通知相关人员处理等。

2. 维修组人员的职责

维修组人员的主要职责有：熟练掌握设备的结构、性能、特点和维修保养方法；按时完成设备的各项维修、保养工作，并做好有关记录；保证设备与机房的整洁；严格遵守安全操作规程，防止发生事故；发生突发情况，应迅速采取应急措施，保证设备的正常完好；定期对设备进行巡视、检查，发现问题及时处理等。

3. 管理组人员的职责

管理组人员的主要职责有：具体负责总值班室、仓库和财务管理；负责内务管理和对外协调；负责人员、车辆、材料、经费的统一调度和使用管理；负责工具和材料的采购、保管和发放；负责文件资料的保管、建档和发放；负责组织人员进行安全技术和质量意识培训等工作。

为了提高工程部的工作效率，确保各种设备的运行、维修和保养工作有序开展，并保证紧急情况下及时派遣人员到达现场，在工程部下可设总值班室。总值班室每天24h值班，各设备的故障情况均应报总值班室，以便总值班室依照工程部经理和管理组的指示合理安排人员抢修。

三、给排水设备设施管理的范围界定

物业管理公司应与市政的给水、排水等专业管理部门明确各自的管理职责，相互分工，通力合作。以北京市为例，居住小区物业管理公司与城市各专业管理部门的职责分工如下：

1. 给水设备

高层楼宇以楼内供水泵房总计费水表为界，多层楼房以楼外自来水表为界。界线以外（含计费水表）的供水管线及设备，由城市供水部门负责维护管理，界线以内至用户的供水管线及设备由物业管理公司负责维护管理。

2. 排水设备

室内排水系统由物业管理公司维护管理。居住小区内道路和市政排水设施的管理职责以3.5m 路宽为界，凡道路宽度在 3.5m（含 3.5m）以上的，其道路和埋设在道路下的市政排水设施由城市市政管理部门负责维护管理；道路宽度在 3.5m 以下的由物业公司负责维护管理，居住小区内各种地下设施检查井的维护管理，由地下设施检查井的产权单位负责，有关产权单位也可委托物业管理公司进行维护管理。

凡对各管理小区内设备设施的管理范围没有做统一规定的，具体管理范围应由市政给水、排水各有关部门，管理小区产权单位及物业管理公司遵照国家的有关规定协商确定。

【典型实例】

【实例1】 给排水设备日常检查巡视制度

修理人员应全面了解设备的性能和用途，加强日常检查巡视，做好设备的保养维护工作。检修人员在日常检查巡视中应注意以下要点。

(1) 各上下水井口应封闭严实，防止杂物落入井中。

(2) 雨水井及其附件应无白灰、砂子、碎砖、碎石等建筑材料，防止它们被雨水冲入管道造成管道堵塞。

(3) 楼板、墙壁、地面等处有无滴水、积水等异常现象。

(4) 重点检查厕所、厨房和盥洗室设备管道工作状况；露天空间管道及设备需定期检查，涂刷防腐材料。

【实例2】 给水系统管理制度

为了保证给水系统正常工作，必须建立管理制度，具体内容如下：

(1) 建立正常的供水、用水管理制度，定期进行水质化验，保证水质符合国家标准。

(2) 防止跑、冒、滴、漏，发现阀门滴水、水龙头关不住等情况应及时修理。

(3) 对供水管道、阀门、水表、水泵、水箱进行经常性维护和定期检查。

(4) 保持水箱水池清洁卫生，防止二次污染，定期进行水箱消毒工作。

(5) 严防供水系统与排水系统混流。

【实例3】 室内给排水设备设施维修程序

为了保证维修工作规范合理及维修工作及时进行，室内维修应遵循一定的程序进行。

(1) 住户（使用者）向管理处申请。

(2) 值班人员填写"维修登记表"。

(3) 维修组组长（班长）派工，并填写"派工单"。

(4) 维修工准备好工具，带上"派工单"上门维修，进门时应首先出示工作牌，用语礼貌，查看现场后，按公司规定的收费标准报价，经业主同意后进行维修。

（5）维修过程应遵守操作规程，注意安全。

（6）维修完毕后，请住户（使用者）验收，验收后，请业主在"派工单"上写下意见，并签名。

（7）派工单一式三份，维修班、住户、管理收费处各保留一份。

【习题】

一、填空题

1. 建筑给排水设备系统是指城镇和工厂企业内的各种_____、热水、_____和污水排放的_____的总称。

2. 建筑给排水设备系统主要包括_____、_____、用水设备系统、热水供应设备系统和_____。

3. 供水设备系统是指建筑小区内通过_____供入的给水设备系统。

4. 供水系统按照用途可以分为_____、生产用水、_____三大类。

5. 建筑物或构筑物内的消防设备系统及物业管理小区庭院内的消防设备系统，主要包括_____、供水箱、_____、_____、消防泵等。

6. 给排水设备设施管理主要是针对给排水系统中所涉及的_____等的日常操作运行、_____等的管理活动。

7. 给排水设备设施基础资料管理的主要内容是建立_____管理原始资料档案和_____档案。

8. 给排水设备设施运行管理的内容是建立_____和_____，确保给排水设备设施_____。

9. 给排水运行组人员的主要职责是负责所管辖范围内_____，处理一些_____，协助维修组人员进行_____，及时向管理组或经理_____发生的问题。

10. 文明安全管理的内容是对给排水设备设施的运行操作、使用进行_____管理，定期检查操作人员、维修人员的_____，并进行_____。

二、判断题

1. 有时会将生活用水和消防用水共用一个给水系统，但不能将生活用水、生产用水、消防用水共用一个给水系统。 （　　）

2. 排水设备系统是指小区内用来排除污废水及雨雪水的设备系统。 （　　）

3. 用水设备是指建筑物内或构筑物内各类卫生器具的水设备。 （　　）

4. 热水供应设备系统是为满足对水温的某些特定要求而设置的设备系统。 （　　）

5. 给排水设备设施的维修、保养、日常操作及运行管理工作一般由公司工程部完成。

（　　）

6. 高层楼宇以楼内供水泵房总计费水表为界，多层楼房以楼外自来水表为界，界线以外至用户的供水管线及设备由物业管理公司负责维护管理。 （　　）

7. 室内排水系统由物业管理公司维护管理。 （　　）

8. 道路宽度在3.5m（含3.5m）以上的，其道路和埋设在道路下的市政排水设施由城市市政管理部门负责维护管理。　　　　　　　　　　　　　　　　　　　　（　　　）

9. 总值班室、仓库和财务管理及内务管理和对外协调由维修人员负责。（　　　）

三、简答题

1. 简述排水系统的类型和组成。
2. 简述给排水维修组人员的职责。
3. 简述给排水设备设施的管理内容。

单元二

给排水处理方法及工艺

给水处理主要是通过去除原水中的悬浮物质、胶体物质、细菌及其他有害成分，以满足生产用水、生活用水的要求；排水处理则是要通过各种方法与措施消除生产用水和生活用水产生的废水污染，防止对水域、环境造成各类危害。

内 容 构 架

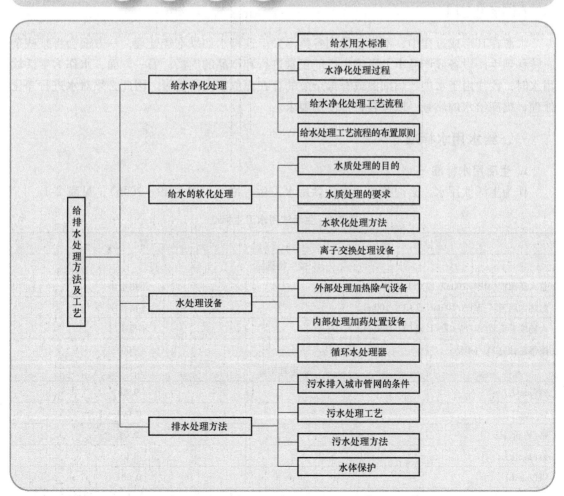

给排水处理方法及工艺
- 给水净化处理
  - 给水用水标准
  - 水净化处理过程
  - 给水净化处理工艺流程
  - 给水处理工艺流程的布置原则
- 给水的软化处理
  - 水质处理的目的
  - 水质处理的要求
  - 水软化处理方法
- 水处理设备
  - 离子交换处理设备
  - 外部处理加热除气设备
  - 内部处理加药处置设备
  - 循环水处理器
- 排水处理方法
  - 污水排入城市管网的条件
  - 污水处理工艺
  - 污水处理方法
  - 水体保护

【学习引导】

目的与要求

1. 熟悉水净化处理过程和工艺流程，能根据给水用水标准选择布置给水处理工艺流程。
2. 掌握水质处理的目的和要求，能进行给水的软化处理。
3. 熟悉常用水处理设备的结构和功能，能根据需要选择水处理设备。
4. 掌握污水处理的工艺和方法，能选择水体保护的方式。

重点与难点

学习难点：水处理设备的结构和功能。

学习重点：

1. 水净化处理过程和工艺流程。
2. 给水的软化处理。

课题一 给水净化处理

【相关知识】

水源在其形成过程中，不免会受到各类污染。这种水如果不经处理，一方面会将某些杂质转移到生产设备或产品中，影响生产的正常进行和产品的质量；另一方面，水作为生活饮用水时，往往由于水中致病细菌或有毒杂质的存在而危害人的健康。因此必须对水进行净化处理，提高给水的质量，以符合各种使用要求。

一、给水用水标准

1. 生活用水标准

作为生活饮用水，必须符合《生活饮用水卫生标准》（GB 5749—2006），见表2-1。

表2-1　生活饮用水卫生标准

指　标	限　值
1. 微生物指标[①]	
总大肠菌群（MPN/100mL 或 CFU/100mL）	不得检出
耐热大肠菌群（MPN/100mL 或 CFU/100mL）	不得检出
大肠埃希氏菌（MPN/100mL 或 CFU/100mL）	不得检出
菌落总数（CFU/mL）	100
2. 毒理指标	
砷（mg/L）	0.01
镉（mg/L）	0.005
铬（六价，mg/L）	0.05
铅（mg/L）	0.01
汞（mg/L）	0.001

（续）

指　　标	限　值
硒(mg/L)	0.01
氰化物(mg/L)	0.05
氟化物(mg/L)	1.0
硝酸盐(以 N 计,mg/L)	10 地下水源限制时为 20
三氯甲烷(mg/L)	0.06
四氯化碳(mg/L)	0.002
溴酸盐(使用臭氧时,mg/L)	0.01
甲醛(使用臭氧时,mg/L)	0.9
亚氯酸盐(使用二氧化氯消毒时,mg/L)	0.7
氯酸盐(使用复合二氧化氯消毒时,mg/L)	0.7
3. 感官性状和一般化学指标	
色度(铂钴色度单位)	15
浑浊度(NTU—散射浊度单位)	1 水源与净水技术条件限制时为 3
臭和味	无异臭、异味
肉眼可见物	无
pH（pH 单位）	6.5～8.5
铝(mg/L)	0.2
铁(mg/L)	0.3
锰(mg/L)	0.1
铜(mg/L)	1.0
锌(mg/L)	1.0
氯化物(mg/L)	250
硫酸盐(mg/L)	250
溶解性总固体(mg/L)	1000
总硬度(以 $CaCO_3$ 计,mg/L)	450
耗氧量(COD_{Mn}法,以 O_2 计,mg/L)	3 水源限制,原水耗氧量 >6mg/L 时为 5
挥发酚类(以苯酚计,mg/L)	0.002
阴离子合成洗涤剂(mg/L)	0.3
4. 放射性指标[②]	指导值
总 α 放射性(Bq/L)	0.5
总 β 放射性(Bq/L)	1

① MPN 表示最可能数；CFU 表示菌落形成单位。当水样检出总大肠菌群时，应进一步检验大肠埃希氏菌或耐热大肠菌群；水样未检出总大肠菌群，不必检验大肠埃希氏菌或耐热大肠菌群。

② 放射性指标超过指导值，应进行核素分析和评价，判定能否饮用。

2. 冷库冷却水水质标准

冷库中较大的水量用于冷却、冲霜、制冰和生产加工。在冷却用水防垢防蚀的要求方面对硬度、浊度做出了规定，见表2-2。而制冰和生产加工用水应符合《生活饮用水卫生标准》。

表2-2　冷却水水质标准

设备名称	碳酸盐硬度/（me/L）	pH	浑浊度/（mg/L）
立式冷凝器、淋水式冷凝器	6～10	6.5～8.5	150
卧式冷凝器、蒸发式冷凝器	5～7	6.5～8.5	50
氨压缩机等制冷设备	5～7	6.5～8.5	50

注：1. 洪水期浑浊度可适当放宽。
　　2. 当地无淡水时，立式冷凝器可采用海水为冷却水，但应有相应的防腐蚀、防堵塞措施。

3. 空调用水要求

空调用水主要为空调供热用水、空调供冷用水和冷却用水，一般由循环水和补给水两部分组成。空调冷却水对水质的要求幅度较宽，对于水中的有机物和无机物不要求完全清除，只要求控制其数量，防止微生物大量生长，以避免其在冷凝器或管道系统形成积垢或将管道堵塞。溴化锂吸收式空调系统相比一般空调系统，其冷却水的水质要求较高，见表2-3。

表2-3　溴化锂吸收式空调系统冷却水水质标准

项目	单位	水质标准	危害
浊度	mg/L	根据生产要求确定，一般不应大于20；当换热器的形式为板式、套管式时，一般不宜大于10	过量会导致污泥危害及腐蚀
含盐量	mg/L	施放缓蚀剂时，一般不宜大于2500	腐蚀、结垢随含盐量增加而递增
碳酸盐硬度	me/L	(1)在一般水质条件下，若不投加阻垢分散剂，不宜大于3 (2)投加阻垢分散剂时，应根据所投加药剂的品种、配方及工况条件确定，可控制在6～9	
钙离子 Ca^{2+}	me/L	投加阻垢分散剂时，应根据所投加药剂的品种、配方和工况条件确定，一般情况下，低限值不宜小于1.5（从腐蚀角度要求），高限值不宜大于8（从阻垢角度要求）	产生类似蛇纹石组成污垢，黏性很大
镁离子 Mg^{2+}	me/L	不宜大于5，并按 Mg^{2+}（mg/L）× SiO_2（mg/L）< 15000 验证（Mg^{2+} 以 $CaCO_3$ 计，SiO_2 以 SiO_2 计）	
铝离子 Al^{3+}	mg/L	不宜大于0.5（以 Al^{3+} 计）	起黏结作用，促进污泥沉积
铜离子 Cu^{2+}	mg/L	一般不宜大于0.1，投加铜缓蚀剂时，应按试验数据确定	产生点蚀，导致局部腐蚀
氯离子 Cl^-	mg/L	(1)投加缓蚀剂时，对不锈钢设备的循环用水不应大于300（指含铬、镍、钛、钼等合金的不锈钢） (2)投加缓蚀剂时，对碳钢设备的循环用水不应大于500	强烈促进腐蚀反应，加速局部腐蚀，主要是裂隙腐蚀、点蚀和应力腐蚀开裂
硫酸根 SO_4^{2-}	mg/L	投加缓蚀剂时，Ca^{2+} × SO_4^{2-} < 75000 对系统中混凝土材质的影响控制要求应符合相关规范的规定	它是硫酸盐，也是原菌的营养源，浓度过高会出现硫酸钙的沉积

（续）

项目	单位	水质标准	危害
硅酸(以 SiO_2 计)	mg/L	(1)不大于175 (2)Mg^{2+}(mg/L,以 $CaCO_3$ 计)× SiO_2(mg/L,以 SiO_2 计)≤15000	出现污泥沉积及硅垢
油	mg/L	不应大于5	附于管壁,阻止缓蚀剂与金属表面接触,是污垢黏结剂、营养源
磷酸根 PO_4^{3-}	mg/L	根据磷酸钙饱和指数进行控制	引起磷酸钙沉淀
异养菌总数	个/mL	$<5×10^5$	产生污泥和沉积物,带来腐蚀,破坏冷却塔木材

二、水净化处理过程

给水处理的任务是通过必要的处理方法去除水中杂质,使之符合生活饮用或工业使用所要求的水质。给水净化的方法主要有澄清、消毒、除臭除味、除铁、软化、除盐。这几种水处理方法既可单独采用也可结合使用,以满足不同的使用要求。

1. 澄清

澄清的处理对象主要是水中的悬浮物和胶体杂质。澄清工艺通常包括混凝、沉淀及过滤。原水加药后,经混凝使水中悬浮物和胶体形成大颗粒絮凝体,而后通过沉淀池（图2-1）进行重力分离。澄清池是综合混凝和沉淀于一体的构筑物,图2-2所示为机械加速澄清池。过滤是利用粒状滤料截留水中杂质的构筑物,常置于混凝和沉淀构筑物之后,用以进一步降低水的浑浊度。完善而有效的混凝、沉淀和过滤,不仅能有效地降低水的浑浊度,而且对水中某些有机物、细菌及病毒等的去除也是有一定效果的。根据原水水质不同,在上述澄清工艺系统中还可适当增加或减少某些处理构筑物。

图2-1　沉淀池

图2-2　机械加速澄清池

2. 消毒

消毒的处理对象是水中的致病微生物。给水处理中的消毒，可根据原水水质和处理工艺，采取滤前和滤后两次消毒，也可仅采用滤前（包括沉淀前）或滤后消毒，通常在过滤以后进行。主要的消毒方法是在水中投入氯气、漂白粉或其他消毒剂杀灭致病微生物，也有采用臭氧或紫外线照射等方法进行消毒的。在各种消毒方法中，使用氯气消毒法最为普遍。

3. 除臭除味

除臭和除味的方法取决于水中臭和味的来源。例如，水中有机物所产生的臭和味，可用活性炭吸附、投加氧化剂进行氧化或采用曝气法去除；因藻类繁殖而产生的臭和味，可在水中投入硫酸铜以去除藻类；因溶解盐所产生的臭和味，应采用除盐措施。

4. 除铁

除铁的处理对象是水中溶解性的二价铁（Fe^{2+}）。除铁的方法主要有天然锰砂接触氧化法和自然氧化法。前者通常设置曝气装置和锰砂滤池；后者通常设置曝气装置、反应沉淀池和砂滤池。二价铁通过上述设备转变成三价铁沉淀物而被滤池所截留。

5. 软化

硬水是含有较多可溶性钙、镁化合物的水，软水是不含或含较少可溶性钙、镁化合物的水。在生活中长期饮用硬水会损害人的身体健康。在生产中锅炉使用硬水烧水，会使水垢过多，浪费燃料，严重时会引起爆炸。软化的处理对象主要是水中的钙、镁离子。软化方法主要有离子交换法和药剂软化法。前者在于使水中的钙、镁离子与交换剂中的离子互相交换以达到去除的目的；后者是在水中投入药剂（如石灰或苏打）以使钙、镁离子转变为沉淀物而从水中分离出去。

6. 除盐

除盐的处理对象是水中的各种溶解盐类，包括阴、阳离子。除盐的方法主要有蒸馏法、离子交换法、电渗析法和反渗透法等。离子交换法需经过阳离子交换剂和阴离子交换剂两种交换过程；电渗析法利用阴、阳离子交换膜能够分别透过阴、阳离子的特性，在外加直流电场作用下使水中的阴、阳离子被分离出来；反渗透法是将高于渗透压的压力施于含盐水，以使水通过半渗透膜而使盐类离子被阻留下来。

海水淡化是解决淡水危机的良策。只要将海水中的盐分去掉，就不愁没有淡水了。关键的问题是如何经济地使海水得以淡化。

一些能源富有的国家已使用分级蒸发法生产淡水。在日本、荷兰等能源短缺的国家，一般采用循环渗析法。该方法消耗能源少、操作方便，但技术设备要求较高，投资也大。此方法是用一个由特殊树脂制成的巨大的半渗透隔膜，严格地守着关口，只让淡水通过，把盐分和杂质都拒之门外。这样，只需在盛有海水的一边施加比海水渗透压强大的压力，水就可通过隔膜，从而得到淡水。

三、给水净化处理工艺流程

净水工艺流程应根据原水的水质和用户对水质的要求，通过小型试验确定，或参考相似情况下已建成运行的净水厂或净水站的工艺流程选定。

1. 一般水源净水工艺流程

原水水质应基本符合《生活饮用水卫生标准》（GB 5749—2006）规定的生活或工业用

水水源水质要求，一般净水工艺流程可参考表2-4选择。

表2-4 一般净水工艺流程

水源		净水工艺流程	适用条件
生活用水	I	原水→混凝沉淀或澄清→过滤→清毒	一般进水浊度悬浮物含量为2000～3000mg/L，短时间内可达5000～10000mg/L
	II	原水→接触过滤→消毒	进水悬浮物含量一般≤100mg/L的小型给水，水质较稳定且无藻类繁殖
	III	原水→混凝沉淀→过滤斗消毒（洪水期） 原水→自然预沉或接触过滤→消毒（平时）	山溪河流，水质平时清晰，洪水时含大量泥砂
	IV	原水斗接触→过滤斗消毒	低温（水温0～1℃），低浊（一般进水悬浮物含量＜25mg/L，短时间内≤100mg/L）
	V	原水→混凝沉淀→接触过滤→消毒 原水→混凝（助凝）→气浮→过滤斗消毒	一般低温低浊水，短时间内进水悬浮物含量＞100mg/L
	VI	原水→调蓄预沉、自然预沉或混凝预沉→混凝沉淀或澄清→过滤斗消毒	高浊度水二级沉淀，适用于中小型水厂或含砂量大，沙峰持续时间较长，预沉后原水含砂量应降低到1000mg/L以下
	VII	原水→混凝沉淀或澄清斗过滤→清毒	高浊度水一级沉淀（澄清）工艺适用于含砂量较低的原水
一般工业用水	I	原水→预处理	对水质要求不高
	II	原水→混凝沉淀或澄清	进水浊度范围同生活用水处理流程，出水水质浊度一般为20mg/L
	III	同各种生活用水的净水工艺流程，消毒与否根据生产需要而定	水质要求符合生活饮用水标准

2. 含藻类净水工艺流程

水库、湖泊水浊度较低但往往含藻类较高，其净水工艺流程见表2-5。

表2-5 除藻净水工艺流程

水源		净水工艺流程	适用条件
生活用水	I II III	原水→气浮→过滤→消毒 原水→微滤→接触过滤→消毒 原水→微滤→微絮凝接触过滤→消毒	进水悬浮物含量一般≤100mg/L（适用于低温原水）
	IV	杀藻药剂 ↓ 原水→混凝沉淀或澄清→过滤→消毒	一般原水

3. 原水深度处理工艺流程

为提高供水水质，去除部分微量有机污染物，可采用水质深度处理工艺，但必须对净水效果进行充分的论证和试验。表2-6所列的工艺流程，仅供选择方案时参考，其中Ⅰ～Ⅴ为我国目前采用和正在进行试验的流程；Ⅵ～Ⅸ为国外采用的一些流程。

表 2-6　原水深度处理的净水工艺流程

水源		净水工艺流程
生活用水	Ⅰ	O_2 预氧化 ↓ 原水→混凝沉淀或澄清→O_2 接触氧化→过滤→消毒
	Ⅱ	原水→混凝沉淀或澄清→O_2 接触氧化→过滤→消毒
	Ⅲ	原水→混凝沉淀或澄清→过滤→活性炭吸附过滤→消毒
	Ⅳ	折点氯化 ↓ 原水→气浮→过滤→消毒
	Ⅴ	原水→生物预处理→混凝沉淀或澄清→过滤→消毒
	Ⅵ	原水→贮存→混凝沉淀或澄清→O_2 接触氧化→过滤→活性炭吸附过滤→消毒
	Ⅶ	O_2 预氧化 ↓ 原水→混凝沉淀或澄清→O_2 接触氧化→过滤→活性炭吸附过滤→消毒
	Ⅷ	原水→混凝→粉末活性炭→沉淀或澄清→过滤→O_2→生物活性炭吸附→消毒 ↓ O_2 预氧化
	Ⅸ	原水→混凝沉淀或澄清→贮存→过滤→O_2 和粉末活性炭→混凝沉淀→过滤→慢滤→消毒

4. 含铁、含锰水净水工艺流程

当水中铁、锰含量超过《生活用水卫生标准》（GB 5749—2006）的规定或超过工业用水水质要求时，应对原水进行除铁、除锰处理。除铁、除锰净水工艺流程见表 2-7。

表 2-7　除铁、除锰净水工艺流程

水源		净水工艺流程	适用条件
生活用水或工业用水	Ⅰ	原水→曝气→混凝→过滤 ↑ 药剂	原水含铁、锰量均不很高的地下水，采用药剂氧化时
	Ⅱ	原水→曝气→混凝→沉淀→过滤 ↑ 药剂	地表水中含铁、锰而又需同时除浊时
	Ⅲ	原水→澄清→过滤 ↑ 药剂	
	Ⅳ	原水→曝气→过滤	原水含铁、锰量高于标准不大时
	Ⅴ	原水→曝气→过滤→过滤	原水含铁量较高，含锰量不高时
	Ⅵ	原水→曝气→过滤→曝气→过滤	原水铁、锰含量均较高时
	Ⅶ	原水→离子交换	原水除需进行除铁除锰外，还需进行软化时

5. 含氟水净水工艺流程

当原水的氟化物含量超过《生活饮用水卫生标准》（GB 5749—2006）的规定时，应对原水采取除氟措施，其净水工艺流程见表 2-8。

表2-8　除氟净水工艺流程

水源		净水工艺流程	适用条件
生活用水	Ⅰ	原水→空气分离→吸附过滤	地下水含氟
	Ⅱ	原水→混凝→沉淀→过滤 　　　　↑ 　　　　药剂	地下水或地表水含氟
	Ⅲ	原水→过滤→离子交换	地下水含氟
	Ⅳ	原水→过滤→电强析	地下水含氟

四、给水处理工艺流程的布置原则

（1）流程力求简短，避免迂回重复，净水过程中的水头损失须最小。构筑物尽量相互靠近，便于操作管理和联系活动。

（2）尽量适应地形，力求减少土石方量。地形自然坡度较大时，应尽量顺等高线布置，在不得已的情况下，才做台阶式布置。

（3）注意构筑物朝向：滤池的操作廊、二级泵房、加药间、化验室、检修间、办公楼均有朝向要求，尤其散发大量热量的二级泵房对朝向和通风的要求更应注意。实践表明，水厂建筑物以接近南北向布置较为理想。

（4）考虑近远期的协调：水厂明确分期建设时，流程布置应统筹兼顾，近远结合并有近期的完整性，避免近期占地过早。

【典型实例】

【实例1】一般净水流程图

如图2-3所示为一般净水流程图，原水经混合器、反应池再进沉淀池进行混凝沉淀，再经过滤池过滤，然后经清水池进入配水井和送水泵房，最后进入管网。

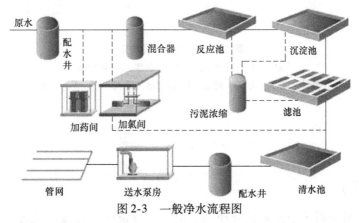

图2-3　一般净水流程图

【实例2】净水工艺流程布置

如图2-4所示为水厂流程布置的三种基本类型图（直线型、折角型、回转型）。

1）直线型。从进水到出水整个流程呈直线（图2-4a、b）。这种布置生产管线短，管理方便，有利于以后逐组扩建，特别适用于大型水厂的布置。

2）折角型。折角型的转折点一般选在清水池或吸水井（图2-4c、d）。采用折角型流程布置时，应注意日后水厂扩建时的衔接问题。

3）回转型。回转型的流程布置适用于进出水管在一个方向的水厂（如在山沟里布置水厂），如图2-4e所示。回转型布置时，近远期结合较困难。为此，在设计大型水厂时，宁可用加长浑水管或清水出水管进行回转，使主体流程仍为直线型，以利于日后的发展。

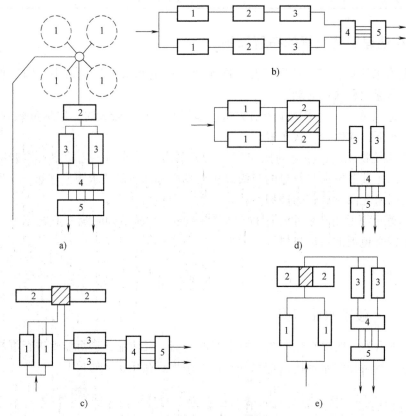

图2-4　水厂流程类型图

a）、b）直线型　c）、d）折角型　e）回转型

1—沉淀（澄清）池　2—滤池　3—清水池　4—吸水井　5—二级泵房

课题二　给水的软化处理

【相关知识】

空调用水在循环系统中反复循环使用，由于外界条件（温度、流速、污染）的影响，会使空调设备受到腐蚀或结垢，直接影响到空调装置的制冷或供热能力，降低换热系数和制冷（热）效率，造成运转费用高、能量浪费。因此必须对空调用水进行水质软化处理。

一、水质处理的目的

空调水在循环系统中反复循环使用，由于外界水温的升高和蒸发，使水中的可溶性物质不断浓缩，冷却塔的集水池受到风吹、日晒、雨淋及各种外界环境带来的污染，会产生比直流式冷却水及密闭式冷却水系统更为严重的沉积物附着、设备腐蚀和微生物的大量滋生，由此造成粘泥、污垢堵塞管道，导致冷却系统中结垢和腐蚀倾向增加，对安全生产造成威胁。为此，需排放已浓缩的水，补充一些新鲜水和水处理药剂，保持水量平衡和水质稳定。为保证设备长期安全节能运行，应对水系统内存在的腐蚀、结垢、生物粘泥危害进行有效控制，进行空调水处理。

1. 防止水垢附着

冷却水在使用过程中通过冷却塔时由于散热不断地大量蒸发，而蒸发的是纯水，水中的盐分由于补充水不断进入系统而增加，这样就出现了浓缩倍数。当水中的重碳酸盐浓度值达到饱和状态时就会在换热器表面形成碳酸钙水垢。水垢会造成两大危害：一是会造成污垢热阻，降低传热系数；二是会造成垢下腐蚀。其危害的严重性是不容忽视的。

2. 防止设备腐蚀

由化学、热力学理论可知，几种常用金属——碳钢、铜、铝及其合金在水中是不稳定的，它们最终将通过腐蚀到达各自稳定状态——腐蚀产物。如在空调的各个循环系统中，水在冷却塔内和空气充分接触，使水中的溶解氧得到补充，所以循环水中溶解氧总是饱和的。水中溶解氧是造成金属电离子化学腐蚀的主要原因（当然还有其他种种因素，如有害离子 Cl^- 和 SO_4^{-2}、微生物腐蚀等），如不做处理，系统就会被氧化腐蚀或因细菌繁殖生长而造成腐蚀，其表面呈"黄色"或"红色"，严重者呈现"黑褐色"并带有铁臭味，会因金属在这种环境下腐蚀的速度过快，而造成整套设备系统提前报废。所以，防止腐蚀也是空调系统要解决的问题。

3. 防止微生物粘泥危害

由于水中本身就含有一定量的泥土、腐殖质等其他有机物及微生物，随着细菌及藻类等微生物逐渐大量的繁殖，其新陈代谢产生的分泌物及其死亡的菌体在系统管路及换热器内沉积下来，生成了微生物粘泥。微生物粘泥（即所说的软垢）不仅会造成垢下生物腐蚀（如不及时处理，也会造成腐蚀穿孔），而且还影响整个系统的热交换率。这不仅增加了机械部分的运行负荷及能耗，而且将严重影响系统的正常工作。水管网系统除了存在结垢、腐蚀、污泥沉积和微生物繁殖等危害外，还容易出现过滤器堵塞、水泵密封损坏、缓冲器爆裂（软连接损坏）等问题。

水质处理的目的是解决系统内水垢附着、设备腐蚀、微生物滋生和粘泥危害的问题，同时节约能源，以发挥空调系统的最佳效益。

二、水质处理的要求

为解决空调系统内水垢附着、设备腐蚀、微生物滋生和粘泥危害的问题，对于水质的要求可以归纳为以下几点。

（1）为了保证换热设备、管道内壁、锅炉等不致结垢，影响安全和运行，必须降低水的硬度。对于不同形式的锅炉，可以有不等的允许残余硬度。例如，对于筒式锅炉，允许残余总硬度为0.12me/L，强制循环锅炉为0.07me/L。

（2）热水系统中设备和部件的制作材料绝大部分为钢、不锈钢和铁，但也有少数设备，如空气加热器、热水换热器等，往往部分采用黄铜和青铜等非铁金属。对于钢、不锈钢和铁来说，高pH值能防止腐蚀。但是，黄铜和青铜等非铁金属在高pH值的水中，则会因产生所谓除锌作用而引起一种特殊形式的腐蚀。

为了使钢铁材料不受腐蚀，水的pH值应保持在10.0~10.5。但对于黄铜和青铜等非铁金属（不包括铝），pH值最好能提高到10.0~10.5甚至10.5~11.5。

（3）必须从水中除去所有气体，特别是空气、氧气以及二氧化碳。这些气体在冷水进行化学处理过程的前后，往往都或多或少地存在于水中。

如果满足了上述三点要求，则系统的防止腐蚀和结垢问题将可基本上得到解决。

三、水软化处理方法

一般来说，空调系统水处理分为两类：第一类为外部处理，又称锅外处理，即在水进入锅炉或系统之前，对补给水进行的机械和化学处理；第二类为内部处理，又称锅内处理，即对空调系统的冷却水、冷媒水或热水进行处理。

外部处理主要是为了清除水中的悬浮物质和胶体物质，去除水中的钙、镁等盐类，使硬水软化，以及水的除气等。至于进一步的除气、防止结垢、水的pH值和碱度的控制等，则需要内部处理来完成。

1. 外部处理

在大多数情况下，如果原水比较清净，一般可以省去化学处理前的凝聚、沉淀和过滤等机械处理过程。下面着重讨论水中的软化处理。一般来说，旨在除去钙镁离子的软化处理可用沉淀法（石灰—苏打法）或离子交换法来实现。但在热水系统中，基本上只推荐后一种方法。

（1）离子交换软化处理。离子交换软化处理的基本原理在于使水通过一种称为阳离子交换剂的特殊材料予以过滤，利用滤料组成中的阳离子与周围溶液中的钙镁阳离子进行交换而降低硬度。

阳离子交换剂可分为无机和有机两类，前者如沸石，后者如磺化煤和合成树脂等。根据原水中的硬度成分，应采用不同的离子交换剂。如果原水中不存在重碳酸盐硬度成分，则只需采用一般钠离子交换软化剂处理，即可满足要求。但当水含有重碳酸盐硬度时，则需要用氢离子交换剂或氢—钠离子交换剂。采用氢离子交换剂时，其再生反应需要采用强酸（H_2SO_4或HCl），设备和管道容易受到腐蚀，而且处理后水的酸度比较高，因而其应用受到了一定的限制。所谓氢—钠离子交换法，即令原水同时流过装有氢和钠离子交换剂（如磺化煤）的滤层，使软化后水的酸碱度得到中和。再生时需连续使用酸溶液和食盐溶液进行清洗。第三种方法是在钠离子交换剂软化处理的基础上，再辅以阴离子交换剂的除盐处理。尽管前两种方法价格低廉，但考虑到热水系统的补给水量很小，这一因素的影响将相应地变小。若从操作管理的角度来看，最简便的方法为第三种方法。

（2）气体排除。所有的冷水都含有一定数量的氧气。此外，在离子交换软化器的水流中，总难免含有少量钠和镁的重碳酸盐成分，它们分解会产生二氧化碳气体。即

$$2NaHCO_3 \rightarrow Na_2CO_3 + H_2O + CO_2$$

由此可见，为了防止腐蚀，必须采取措施，从补给水中除去氧气和二氧化碳。常用的方法是加热除气法。这一方法的原理是基于水的一项重要化学性质，即空气在水中的溶解度随温度的升高而减小。

补给水的除气不需要采用专门的除气器，而只需将水加热到95℃左右即可。因为当水被加热到这一温度时，溶解于水中的各种气体绝大部分都会逸出，残存的数量将不超过5%。需要指出的是，在系统初次灌水时不必进行专门的加热除气处理。因为在这一情况下，气体可以在系统最初放气时从系统内排出。

2. 内部处理

内部处理即锅内加药处理，对于热水锅炉来说，其内部处理的重点应放在除气和pH值的控制两方面。内部处理有以下三种类型。

（1）加入防垢剂，使生垢的盐质在锅内不致形成水垢，而只发生凝聚或沉淀，变成泥渣，从而可以简便地从锅炉内排出。可用作防垢剂的有氢氧化钠、碳酸钠、磷酸钠、重磷酸盐、铝酸钠、硅酸钠等。

（2）加入化学物品。加入铬的化合物，使所有与热水相接触的金属表面形成一层保护性薄膜。由于铬的化合物有毒性，这一方法不允许用于家庭用热水的供热系统中。加入亚硫酸钠、重亚硫酸钠、联氨（N_2H_4）、丹宁等化学物品，可进一步吸收水中的残存气体，防止腐蚀。加入氢氧化钠、碳酸钠、磷酸钠、重磷酸盐等化学物品，可以调整锅内水的pH值，防止金属的酸性腐蚀。

（3）为了防止锅炉的碱性腐蚀，引起苛性脆化，往往需加硝酸钠、磷酸钠、丹宁等抑制剂。

【典型实例】

【实例1】 空调冷却水的处理操作

在敞开式循环冷却水系统中加入阻垢缓蚀剂和杀菌灭藻剂抑制水垢的生成和菌藻滋生。具体操作如下：

（1）添加阻垢缓蚀剂。每日开机30min后，待冷却系统进入正常运行状态，添加阻垢缓蚀剂，每日停机后或每天早上开机前集中排污，排污口应选择在最低点。

（2）投加杀菌灭藻剂。空调外循环冷却水中易感染军团菌，军团菌能通过循环水在冷却塔曝气时飘落飞溅到空气中被人吸入，引起肺泡部位感染，诱发一种非典型肺炎。

冷却系统正常运行后，投加杀菌灭藻剂杀灭循环水中生长的菌类与冷却塔上覆盖的藻类，同时也可将系统中附着在管路上的生物粘泥剥离下来。一般情况下，投加杀菌灭藻剂24h后，加大排污量（排污量是日排污量的2倍，例如：每日排污量为$1m^3$，加杀菌灭藻剂后排污量为$2m^3$）。此后，恢复正常运行。

【实例2】 带淋水式加热器的系统

当系统采用淋水式加热器时，随着锅炉中的蒸汽不断进入淋水式加热器，系统中化学物质的浓度逐渐被稀释，同时锅炉中化学物质的浓度却不断升高。锅炉内溶解的固体物质虽然不会结垢，也不会形成泥渣，但其浓度不应超过4000mg/L。如果浓度超过了这一数值，则会产生泡沫或者沉淀。为了防止蒸汽系统中溶解物质的浓度过高，可以抽取部分锅水送入系统内进行排污。这样既可降低锅炉内溶解物质的浓度，又可使系统内的化学物质得到补充，如图 2-5 所示。

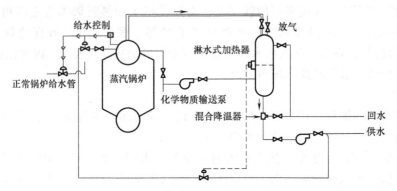

图 2-5　带淋水式加热器的系统

课题三　水处理设备

【相关知识】

空调水处理设备包括降低水的硬度和除去重碳酸盐的外处理设备，除去水中氧和二氧化碳的外处理加热设备，以及向系统中补给化学药品的内处理设备。

一、离子交换处理设备

为去除空调补给水中的重碳酸盐，通常采用钠离子交换软化，图 2-6 所示为钠离子交换软化氯阴离子交换除盐的一种流程图。

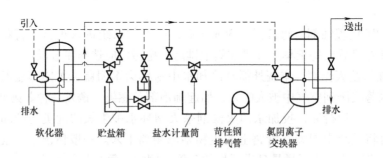

图 2-6　钠离子交换软化氯阴离子交换除盐流程

在考虑离子交换设备的规模时，使用中通常取系统的初次灌水量来作为计算和确定设备尺寸的基础。不应取正常运行时的补给水量作为依据，因为这一水量非常小。一般来说，$2.5 \sim 4.5 m^3/h$ 的处理能力能够满足大多数系统在有限时间（$48 \sim 72 h$）内的灌水要求。决定设备外形尺寸的主要因素是所要求的离子交换树脂的总交换能力。这一要求的总交换能力可按理论公式，根据处理的水量，原水的硬度、软化和再生的周期计算出来。在这一系统中，由于氢氧化钠的补充量很小，可以徒手加料。

1. 钠离子交换软化器

离子交换树脂的交换能力一般要比天然沸石、磺化煤大得多。在正常运行时，钠离子交换树脂软化器的通过能力应大约以每平方米 15m³/h 的流量为限度，而当一台设备进行再生时，每平方米的最大通过能力可允许达到 20m³/h。这样，如果软化器的直径取 450 ~ 600mm，将能满足大多数系统在初次灌水时所要求的 2.5 ~ 4.5m³/h 流量。显然，在确定了水的流通面积以后，树脂滤层的高度将主要取决于材料的交换性能。

例如，假使某一钠离子交换树脂的交换能力为 1900eg/m³，用来处理硬度为 5me/L 的原水时，其每立方米能够处理的总水量可达 380m³。由此可见，实际需要的树脂数量亦即其装填高度都很有限。因而，对于上述情况，如果粗略地取树脂滤层高度大于 760mm，则它的交换能力将足以使再生次数在 24h 内不超过一次。在必要的情况下，当手动操作时，可允许每 12h 再生一次，自动操作时每 8h 再生一次。

2. 阴离子交换除盐器

在正常使用时，用于除盐过程的阴离子交换树脂的交换能力一般要比钠离子树脂低。阴离子除盐器的流量应为每平方米 12m³/h。当另一台设备进行再生时，最大可允许为 15m³/h。这类树脂的交换能力和原水的化学成分（如碱度、氯及二氧化碳等含量）有关。因此，其性能的变化范围比较大。决定除盐器尺寸的主要因素也是所需的总交换能力。一般来说，为了不使除盐器做得太高，也不希望把树脂滤层定得太厚。因而实际上选用的除盐器直径往往要比根据流速数据计算要求的大些。对于大多数高温水系统，其直径可以取 760 ~ 900mm。由于阴离子树脂的售价要比钠离子树脂昂贵得多，所以从经济角度考虑，往往需要增加树脂的再生次数，以减少其用量。在每一次软化—再生周期内，除盐器的再生次数可按两次以上考虑。

二、外部处理加热除气设备

空调补给水中，不管是否使用除盐器，水中总会含有一些空气和二氧化碳。为了从补给水中排除这些气体，必须在其进入系统之前，将其加热到 93 ~ 96℃。

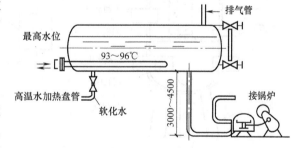

图 2-7　加热除气水箱

如图 2-7 所示为一个 2 ~ 4m³ 的加热除气水箱。为了能使水迅速加热（15 ~ 30min），加热器的盘管容量应大一些。加热除气水箱设有通往大气的排气管，以排除水中逸出的气体。排气管的直径通常取 75 ~ 100mm。

三、内部处理加药处置设备

图 2-8 所示为空调水系统内部处理加药器，用于内部处理的化学药剂最好是通过 0.1 ~ 0.5m³/h 的柱塞加药泵连续注入系统内。但对于容量为 10⁷kcal/h 以下的小型系统，可以不必采用加药泵，而利用补给水泵和简单的加药器按图 2-8 所示的接管进行加药。如果在灌水后运行的初期已加进了必要的剂量，在正常的运行过程中，一般 1 ~ 2 周内才需加药一次。至于药剂的种类和加药量，则要待系统运行 2 ~ 3 周后，根据对循环水和补给水的水质情况

所做分析的结果，由专业人员做出决定。

四、循环水处理器

1. 循环水处理器的构造

循环水处理器（XSQ）具有去垢、除污、防锈、防藻等性能，广泛适用于空调水循环系统及各种冷却水循环系统，其构造如图2-9所示。图中加药管内所加药品为晶体硅酸盐，经水浸泡后稀释，流经金属管壁会形成一层白膜状物质附着在金属表面，使水中镁离子、

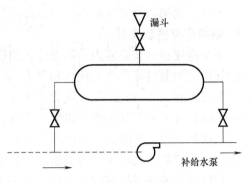

图2-8　空调水系统内部处理加药器

钙离子不能与金属壁直接接触，达到防垢除垢的目的。该设备隔板以上为药处理部分，隔板以下为除污部分。初次运转可先开启除污部分阀门，除掉水中可见杂质后再开启药处理部分。循环水温在35℃左右时，药物水循环3天即可形成白膜附着在金属壁表面，起到保护作用。

2. 循环水处理器的联网形式

循环水处理器的联网形式如图2-10所示。

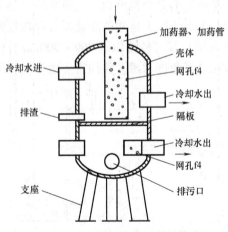

图2-9　XSQ 循环水处理器的构造

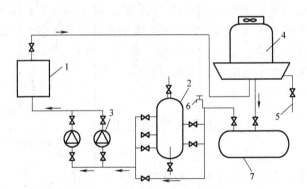

图2-10　循环水处理器的联网形式

1—制冷机　2—XSQ 系列循环水处理器　3—循环水泵　4—凉水塔
5—补水管　6—水龙头（供化验水用）　7—集水器

3. 循环水处理器的使用

循环水处理器的使用方法如图2-11所示。

（1）将化学晶体硅酸盐药物自加药口加入封好。

（2）打开加药部位进出水阀门，则循环水流经贮药管，将溶解的药剂带入系统内附着于容器壁形成白膜保护层。

（3）测试回水 pH 值达到 10 时，即关闭加药部位进出水阀门，打开循环水阀门使之正常运转。每天测一次 pH 值，若测得的 pH 值小于 8，再打开加药部位进出水阀门，直到 pH 值到 10 为止。

（4）当开启加药部位进出水阀门达到8h后，pH 值仍小于8，则证明药已用尽，应重新

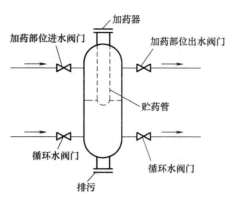

图 2-11　循环水处理器的使用方法

自加药口加药，再重复以上操作。

（5）定期（一年）除污。

课题四　排水处理方法

生产和生活所排出的污水中，往往含有大量悬浮固体、油类等有害物质或存在水温过高等现象，为了便于后续处理或防止对水体的严重污染，必须对这一类污水进行局部处理。

【相关知识】

一、污水排入城市管网的条件

生产和生活污水在排入城市排水管道系统或水体之前，必须达到国家规定的《污水排入城镇下水道水质标准》（CJ 343—2010）。根据城镇下水道末端污水处理厂对污水的处理程度，将其分为 A、B、C 三个等级，见表 2-9。

（1）下水道末端污水处理厂采用再生处理时，排入城镇下水道的污水水质应符合 A 等级的规定。

（2）下水道末端污水处理厂采用二级处理时，排入城镇下水道的污水水质应符合 B 等级的规定。

（3）下水道末端污水处理厂采用一级处理时，排入城镇下水道的污水水质应符合 C 等级的规定。

表 2-9　污水排入城镇下水道水质等级标准（最高允许值，pH 值除外）

序号	控制项目名称	单位	A 等级	B 等级	C 等级
1	水温	℃	35	35	35
2	色度	倍	50	70	60
3	易沉固体	mL/（L·15min）	10	10	10
4	悬浮物	mg/L	400	400	300
5	溶解性总固体	mg/L	1600	2000	2000
6	动植物油	mg/L	100	100	100

（续）

序号	控制项目名称	单位	A 等级	B 等级	C 等级
7	石油类	mg/L	20	20	15
8	pH 值	—	6.5～9.5	6.5～9.5	6.5～9.5
9	生化需氧量（BOD$_5$）	mg/L	350	350	150
10	化学需氧量（COD）	mg/L	500（800）	500（800）	300
11	氨氮（以 N 计）	mg/L	45	45	25
12	总氮（以 N 计）	mg/L	70	70	45
13	总磷（以 P 计）	mg/L	8	8	5
14	阴离子表面活性剂（LAS）	mg/L	20	20	10
15	总氰化物	mg/L	0.5	0.5	0.5
16	总余氯（以 Cl$_2$ 计）	mg/L	8	8	8
17	硫化物	mg/L	1	1	1
18	氟化物	mg/L	20	20	20
19	氯化物	mg/L	500	600	800
20	硫酸盐	mg/L	400	600	600
21	总汞	mg/L	0.02	0.02	0.02
22	总镉	mg/L	0.1	0.1	0.1
23	总铬	mg/L	1.5	1.5	1.5
24	六价铬	mg/L	0.5	0.5	0.5
25	总砷	mg/L	0.5	0.5	0.5
26	总铅	mg/L	1	1	1
27	总镍	mg/L	1	1	1
28	总铍	mg/L	0.005	0.005	0.005
29	总银	mg/L	0.5	0.5	0.5
30	总硒	mg/L	0.5	0.5	0.5
31	总铜	mg/L	2	2	2
32	总锌	mg/L	5	5	5
33	总锰	mg/L	2	5	5
34	总铁	mg/L	5	10	10
35	挥发酚	mg/L	1	1	0.5
36	苯系物	mg/L	2.5	2.5	1
37	苯胺类	mg/L	5	5	2
38	硝基苯类	mg/L	5	5	3
39	甲醛	mg/L	5	5	2
40	三氯甲烷	mg/L	1	1	0.6
41	四氯化碳	mg/L	0.5	0.5	0.06
42	三氯乙烯	mg/L	1	1	0.6
43	四氯乙烯	mg/L	0.5	0.5	0.2
44	可吸附有机卤化物（AOX,以 Cl 计）	mg/L	8	8	5
45	有机磷农药（以 P 计）	mg/L	0.5	0.5	0.5
46	五氯酚	mg/L	5	5	5

二、污水处理工艺

污水处理包括机械、物理、化学和生物过程。不溶解的悬浮物可采用机械处理过程，机械处理包括筛分、过滤、沉降与上浮四个过程。

对于溶解于水的物质，可以通过化学方法除去，即迫使分子组合成微粒，然后作为悬浮物进行机械捕集；或者是使溶解物质分解并经合成其他物质，后者要么是无害的，要么以气体逸出。为此需向污水中投加沉淀剂如氯化铁，它具有与污水中其他溶解物质反应，迅速形成大而重的絮状物的特性，此絮状物能把细微的悬浮物包裹进去并在沉降过程中把一部分胶体物挟带进去。化学过程也是为污泥脱水做准备，此时胶体与氯化铁发生絮凝作用，因而很容易用滤布将水分离出来。

除上述纯化学过程外，多数污水净化过程均与生物的生命活动相结合，称为生物过程（生化过程）。生物过程中起决定性作用的是污水成分与氧的比例。污水生物处理属于氧化作用，污泥消化属于还原作用。

三、污水处理方法

污水中所含的污染物包括无机物和有机物，其中一部分以非溶解性物质（沉淀物、悬浮物或漂浮物）的状态在水中运动，其余部分则或多或少地溶解于水中。同时还有最小的生物，如细菌，它们从有机物中摄取营养物质。细菌会散发臭气，传播流行病。污水处理方法可分为以下三种。

1. 机械方法

机械方法包括筛分法、漂选法和沉淀法。筛分法是指根据物质颗粒大小用筛网或格栅拦截，其中砂滤池占有重要的地位；漂选法是指使污水中所含的物质通过其上浮到水面的能力大小与水分开，例如除油池或浮选池；沉淀法是指使污水中所含的物质借助自重沉降到沉淀池底部。

2. 化学方法

化学方法是指通过投加化学沉淀剂强化物质的沉降能力或者杀灭病原菌的方法。

3. 生化法

生化法是将自然界的生命过程引入污水净化中，包括天然净化和人工净化。土壤或池塘与湖泊利用天然净化；滴滤池、接触曝气池或化粪池利用人工净化。

各种处理设施的净化效果可以用水中污染物含量减少的百分数来表示，污染物含量可以用生化需氧量（BOD）、悬浮物含量或细菌数表示。

四、水体保护

在污水处理工程中，污水应净化的程度取决于对污水处理厂出水所排入的公共水体的要求，因而水体保护尤其重要。

1. 水体自净

每个水体对于在某一位置上排入的污水都有完全确定的自净能力。只要污水流量和其中污染物的含量保持在允许的限度之内，则水体就不会受到污染。

被污染的水在自然界有两种自净方式：其一是在缺氧条件下通过消化作用达到自净；其

二是要求水中必须含有空气，即在含氧水中达到自净。

在消化池中人工处理污水时，有时也借助消化作用达到自净的目的。但是在水体中这种方式是行不通的，因为它需要较长的消化时间，还会毁灭水生动植物，产生臭气。如果使消化作用限制在底泥中，则流动的含空气的水不会腐败，水体通过消化作用（即无氧分解）也能达到自净的目的。

在含空气的水中对有机物进行降解不产生臭味，因此在天然水体中降解有机物，水中含空气尤其重要。

2. 支持水体自净的措施

（1）在适宜的情况下，通过技术措施提高水体的自净能力，可以取得和污水人工净化一样的效果。

（2）对于受到严重污染的河流，可采用泄水道，使污水流动时间缩短，通过平滑的渠壁和适当的流速可以防止污染物沉淀，流动过程中，污水不断摄取氧，使其中的污染物逐渐降解。可以让严重污染的水通过流入自净能力强的水体来消除对水体的损害。

（3）人为提高枯水期的河水流量，即用净水稀释污水与河水的混合水。这种措施产生的效果与污水处理完全相同。用洁净水稀释是通过两种途径起作用的：一方面随同稀释水带来了一定数量的溶解氧，供进一步降解污染物用；另一方面稀释水使水体扩大，发挥其应有的自净能力。

（4）冲洗。天然河流通常通过周期性的洪水清洗它的河床来完成自净。在淤塞的河段中用人工冲洗是很有效的方法。

（5）在河床冲洗的地方挖泥，可使用浮筒式挖泥机。

（6）人工曝气。当夏季有鱼类生活的水体的含氧量降低到适于鱼类生活的极限值（3~4mg/L）之下时，应立即通入空气，避免鱼类死亡。常用的一些曝气方法，如把水喷洒到水面上或用其他方式搅动，或者把空气加压喷入水中等，使水体迅速翻腾，从深层水取水，或者深水单独曝气，对于改善溶解氧的分布和阻止磷、铁、锰的再溶解作用都是非常适用的。

（7）向河水中投加硝酸盐，类似于曝气，通过这种方式将氧气带入水中。所不同的是，只有当水中最后剩余的溶解氧已耗尽，作为氧载体的硝酸盐才会起作用。因此，硝酸盐法对于鱼类的生存是不利的，它只能防止生命过程发生"突变"、腐败和恶臭。

（8）向河水中投氯。氯可分解硫化氢，氧化一部分有机污染物并使某一河段中河水的水质保持稳定、无臭味。鱼类不能在氯化的河段中生存。

【典型实例】

【实例1】 一般污水处理流程图

图2-12所示为先进行机械处理再进行生化处理的一般污水处理流程图。

【实例2】 污水深度处理

在工业化国家，污水处理厂通常在一级机械处理之后采用曝气池或者生物滤池作为二级净化手段，利用这种方法使污染显著减轻。然而在采用一级和二级处理不能满足要求的情况下，需按水体要求对污水进行深度处理。此时重要的是进一步降低水中耗氧物质的含量及磷

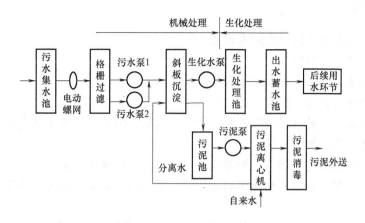

图 2-12　一般污水处理流程图

或氮的含量，达到污水回收复用的目的。深度处理工艺一般为活性炭过滤、反渗透以及电渗析等。

【习题】

一、填空题

1. 给水处理主要是通过去除原水中的_____、胶体物质、_____及其他有害成分，以满足生产用水、生活用水的_____。

2. 排水处理则是要通过各种方法与措施消除生产用水和生活用水产生的_____，防止对水域、环境造成_____。

3. 给水净化的方法主要有_____、消毒、_____、除铁、_____、除盐。

4. 澄清的处理对象主要是水中的_____和_____杂质。

5. 净水工艺流程应根据原水的_____和用户对水质的要求，通过_____确定。

6. 一般来说，空调系统水处理分为两类：第一类为_____，又称锅外处理，即在水进入锅炉或系统之前，对补给水进行的机械和化学处理；第二类为_____，又称锅内处理，即对空调系统的冷却水、冷媒水或热水进行处理。

7. 离子交换软化处理的基本原理在于使水通过一种称为_____的特殊材料予以过滤，利用滤料组成中的阳离子与周围溶液中的钙镁阳离子进行_____而降低硬度。

8. 空调水处理设备包括降低_____的外处理设备，除去水中氧和二氧化碳的外处理加热设备，以及向系统中_____的内处理设备。

9. 在考虑离子交换设备的规模时，使用中通常取系统的_____来作为计算和确定设备_____的基础。

10. 循环水处理器（XSQ）具有_____、除污、_____、防藻等性能。

11. 污水处理包括_____、物理、_____和生物过程。

12. 污水处理的机械方法包括_____、漂选法和_____。

二、判断题

1. 空调冷却水对水质的要求幅度较宽。 （　　）

2. 水处理方法只能单独采用，不能结合使用。 （　　）

3. 除臭和除味的方法取决于水中臭和味的来源。 （　　）

4. 所有的冷水都含有一定数量的氧气。 （　　）

5. 加热除气法是从补给水中除去氧气和二氧化碳，但不是最常用的方法。 （　　）

6. 内部处理即锅内加药处理。 （　　）

7. 离子交换树脂的交换能力一般要比天然沸石、磺化煤大得多。 （　　）

8. 在正常运行时，钠离子交换树脂软化器的通过能力应大约以每平方米 $10m^3/h$ 的流量为限度。 （　　）

9. 在正常使用时，用于除盐过程的阴离子交换树脂的交换能力一般要比钠离子交换树脂低。 （　　）

10. 生产和生活污水在排入城市排水管道系统或水体之前，必须达到地方规定的《污水排入城镇下水道水质标准》。 （　　）

11. 多数污水净化过程均与生物的生命活动相结合，称为生物过程（生化过程）。 （　　）

三、简答题

1. 简述给水处理工艺流程的布置原则。
2. 简述支持水体自净的措施。

单元三

制冷和空调给排水常用设备及设施

内容构架

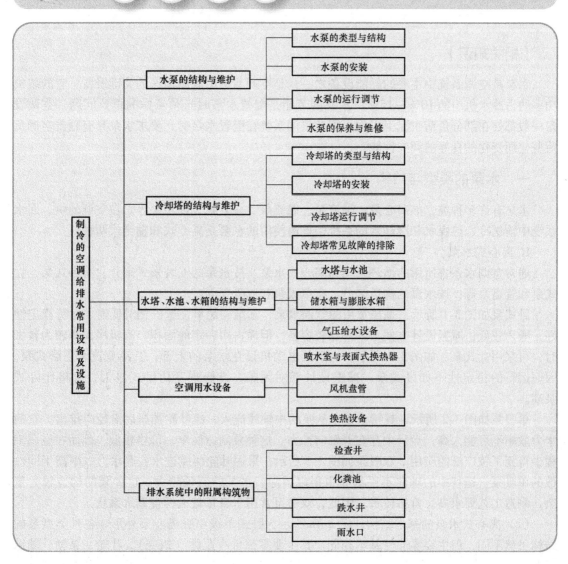

制冷的空调给排水常用设备及设施

- 水泵的结构与维护
  - 水泵的类型与结构
  - 水泵的安装
  - 水泵的运行调节
  - 水泵的保养与维修
- 冷却塔的结构与维护
  - 冷却塔的类型与结构
  - 冷却塔的安装
  - 冷却塔运行调节
  - 冷却塔常见故障的排除
- 水塔、水池、水箱的结构与维护
  - 水塔与水池
  - 储水箱与膨胀水箱
  - 气压给水设备
- 空调用水设备
  - 喷水室与表面式换热器
  - 风机盘管
  - 换热设备
- 排水系统中的附属构筑物
  - 检查井
  - 化粪池
  - 跌水井
  - 雨水口

【学习引导】

目的与要求

1. 熟悉制冷和空调给排水系统常用设备及设施的结构和工作原理。

2. 掌握制冷和空调给排水系统常用设备及设施的安装要求，能配合施工人员进行简单的安装。

3. 熟悉制冷和空调给排水系统常用设备及设施的运行调节方法，能进行水泵、冷却塔、水塔等常用设备的运行调节和简单维护。

重点与难点

学习难点：制冷和空调给排水系统常用设备及设施的结构及工作原理。

学习重点：制冷和空调给排水系统常用设备及设施的结构、安装及调试。

课题一   水泵的结构与维护

【相关知识】

水泵是空调系统中主要的耗能设备之一，是空调系统中流体输送的关键设备。它的装机功率约占冷水机组的 10% ~15% ，水泵的节能是配置水泵时必须考虑的重要问题。空调设备一般都处在部分负荷工况下工作，因此空调系统在配置水泵时，要求水泵具有随着空调负荷变化而变化的良好的调节性能。

一、水泵的类型与结构

水泵有许多种类，如离心泵、轴流泵、混流泵、往复泵、回转泵等。在空调的供、回水系统中输送冷、热媒水和冷却水的系统，普遍使用的水泵是离心式和轴流式两种。

1. 离心式水泵

通常空调水系统所用的循环泵均为离心式水泵。按水泵的安装形式来分，有卧式泵、立式泵和管道泵等；按水泵的构造来分，有单吸泵和双吸泵等。

卧式泵如图 3-1 所示，是最常用的空调水泵，其结构简单，造价相对低廉，运行稳定性好，噪声较低，减振设计方便，维修比较容易，但需占用一定的面积。当机房面积较为紧张时，可采用立式泵，如图 3-2 所示。由于其电动机设在水泵的上部，其高宽比大于卧式泵，因而运行的稳定性不如卧式泵，减振设计相对困难，维修难度比卧式泵大，价格比卧式泵高。

单吸泵如图 3-2 所示，其特点是水从泵的中轴线流入，经叶轮加压后沿径向排出。它的水力效率不可能太高，运行中存在着轴向推力。这种泵制造简单，价格较低，因而在空调工程中得到了较广泛的应用。双吸泵如图 3-3 所示，采用叶轮两侧进水，其水力效率高于同参数的单吸泵，运行中的轴向不平衡力也得以消除，水泵的流量较大。这种泵的构造较为复杂，制造工艺要求高，价格较贵。因此，双吸泵常用于流量较大的空调水系统。

（1）离心式水泵的基本结构。图 3-4a 所示为卧式单级单吸离心泵外形。各种类型泵的结构虽然不同，但主要零部件基本相同。其主要零部件有泵体（蜗壳）、叶轮、泵轴、轴承压盖、密封装置等，如图3-4b所示。

图3-1　卧式离心泵

图3-2　立式单吸离心泵

图3-3　双吸离心泵

a)

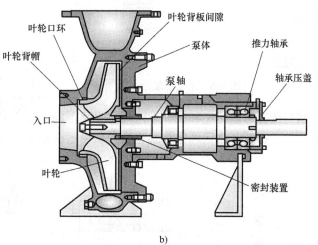

b)

图3-4　离心式水泵

a）离心泵外形　b）离心泵结构示意图

叶轮是离心泵的做功零件，依靠它的高速旋转对液体做功而实现液体的输送，是离心泵的重要零件之一。水泵的叶轮一般由两个圆形盖板组成，盖板之间有若干片弯曲的叶片，叶片之间的槽道为过水的叶槽，有闭式、半闭式和开式三种形式，如图3-5所示。

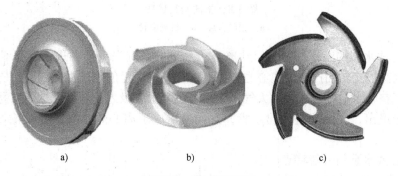

a)　　　　　　　　b)　　　　　　　　c)

图3-5　离心泵叶轮

a）闭式　b）半闭式　c）开式

泵轴的作用是传递动力，支承叶轮保持在工作位置正常运转。它一端通过联轴器与电动机轴相连，另一端支承着叶轮做旋转运动，轴上装有轴承、轴向密封零部件等。离心泵上多使用滚动轴承，如图 3-6 所示。

泵体又称泵壳或蜗壳，是叶轮出口到泵的出口管之间截面积逐渐增大的螺旋形流道，如图 3-7 所示。其流道逐渐扩大，出口为扩散管状。液体从叶轮流出后，其流速可以平缓地降低，使很大一部分动能转变为静压能。

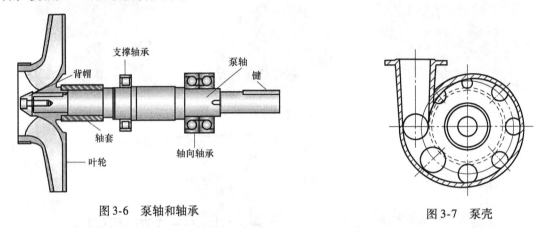

图 3-6　泵轴和轴承

图 3-7　泵壳

密封装置可以防止和减少外泄漏，提高泵的效率，同时还可以防止将空气吸入泵内，保证泵的正常运行。常用的密封装置有填料密封和机械密封两种，如图 3-8 所示。

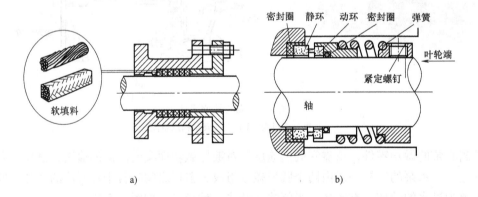

a)

b)

图 3-8　轴向密封装置

a）填料密封　b）机械密封

（2）离心式水泵的工作原理。起动离心式水泵前，应先将泵和进水管灌满水，水泵运转后，在叶轮高速旋转而产生的离心力作用下，叶轮流道里的水被甩向四周，压入泵壳，叶轮入口形成真空，水池的水在外界大气压作用下沿吸水管吸入，补充了这个空间，吸入的水继而又被叶轮甩出，经泵壳进入出水管，这样就形成了离心式水泵的连续输水，如图 3-9 所示。

（3）离心式水泵的一般特点。

1）水沿离心式水泵叶轮的轴向吸入，垂直于轴向流出，即进出水流方向夹角为 90°。

2）由于离心式水泵靠叶轮进口形成真空吸水，因此在起动前必须向泵和吸水管内灌注引水，或用真空泵抽气，以排出空气形成真空，而且泵壳和吸水管路必须严格密封，不得漏气，否则不能形成真空，也就吸不上水来。

3）由于叶轮进口不可能形成绝对真空，因此离心泵的吸水高度不能超过 10m，加上水流经吸水管路带来的沿程损失，实际允许安装高度（水泵轴线距吸入水面的高度）远小于 10m。如安装过高，则吸不上水。此外，由于山区比平原大气压力低，因此同一台水泵在山区，特别是在高山区安装时，其安装高度应降低，否则也不能吸上水来。

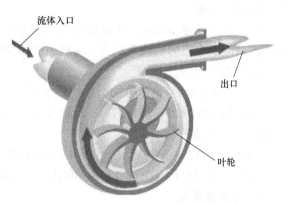

图 3-9　离心式水泵的工作原理图

（4）离心式水泵的基本参数。离心泵的基本参数反映了水泵的主要性能，如扬程、流量、功率与效率、转速和允许吸上真空高度等，这些数据都标在水泵的铭牌上。

1）扬程。水泵的扬程是指单位质量的水通过水泵后所获得的能量，也就是泵出口总水头与进口总水头之差，用 H 表示，其单位为 m，即

$$H = H_2 - H_1 \tag{3-1}$$

式中　H_2——水泵进口总水头（m）；

　　　H_1——水泵出口总水头（m）。

2）流量。水泵在单位时间内所输送的液体体积，称为水泵的流量，用符号 Q 表示，单位为 m^3/h 或 L/s、m^3/s。

3）转速。转速是指水泵叶轮每分钟旋转的次数，单位为 r/min，常用的转速有 2900r/min、1450r/min、980r/min、750r/min。选用电动机时，电动机的转速必须与水泵的转速一致。

4）功率与效率。水泵的功率是指水泵在单位时间内所做的功，也就是单位时间内通过水泵的液体所获得的能量，用符号 N 表示，单位为 kW。水泵的这个功率称为有效功率。

电动机传递给水泵轴的功率称为轴功率，轴功率大于有效功率，用符号 $N_轴$ 表示。轴功率除包括水泵的有效功率外，还包括水泵在运转过程中由于各种原因损失的功率。

水泵的效率就是水泵的有效功率与轴功率的比值，用符号 η 表示，即

$$\eta = \frac{N}{N_轴} \times 100\% \tag{3-2}$$

从式（3-2）可以看出，水泵的效率越高，说明水泵所做的有效功率越多，损耗的功率越少，水泵的效率越高。因此，效率是评价水泵性能好坏的一个重要参数。

水泵铭牌上的配套功率是电动机的功率，用符号 $N_机$ 表示。配套功率比水泵的轴功率还要大一些，它们之间的比值称为备用系数，用 K 表示，K 值一般取 1.15～1.5，即

$$N_机 = KN_轴 = KN/\eta \tag{3-3}$$

5）允许吸上真空高度。为了防止发生汽蚀现象，每一台水泵都有一个允许吸上真空高度。它是由试验求出的，指在一个标准大气压、水温为 20℃ 时水泵进口处允许达到的最大真空值（真空度），用符号 Hs 表示，此值通常标在铭牌上。使用水泵时，泵进口处的真空

度不能超过此值。

由于水泵往往不是在一个标准大气压和水温20℃的条件下运转，又由于水在不同压力和不同温度下有不同的汽化压力，因此就有不同的允许吸上真空高度，所以必须根据实际情况对真空高度 Hs 进行修正。

（5）水泵的型号。水泵的型号代表水泵的构造特点、工作性能和被输送介质的性质等。由于水泵的品种繁多、规格不一，所以型号也较多。水泵的型号一般由进出口尺寸、泵的类型和流量、扬程等内容组成。

例如40LG12—15的含义为：40——进出口直径（mm），LG——高层建筑给水泵（高速），12——流量（m^2/h），15——单级扬程（m）。

2. 轴流式水泵

（1）轴流式水泵的结构。轴流式水泵的基本结构如图3-10所示，其外形很像一根水管，泵壳直径与吸水口直径差不多，既可垂直安装（立式）和水平安装（卧式），也可倾斜安装（斜式）。轴流式水泵主要由以下部件组成。

1）吸入管。吸入管一般采用流线型的喇叭管或做成流道形式。

2）叶轮。叶轮可分为固定式、半调式和全调式三种。

固定式轴流泵的叶片与轮毂铸成一体，其特点是叶片安装角度不能调节。

半调式轴流泵的叶片用螺母固紧在轮毂体上，在叶片的根部上刻有基准线，而在轮毂体上刻有几个相应的安装角度的位置线。在使用过程中，当工况发生变化需要进行调节时，可把叶轮卸下来，将螺母松开，转动叶片，使叶片的基准线对准轮毂体上某一要求的角度线，然后再把螺母拧紧，装好叶轮即可。

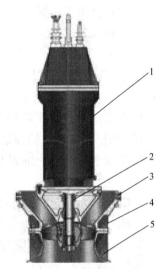

图3-10 轴流式水泵
1—电动机 2—密封装置 3—导叶
4—叶轮 5—吸入管

3）导叶。导叶的作用就是把叶轮中向上流出的水流的旋转运动变为轴向运动。导叶是固定在泵壳上不动的，水流经过导叶时旋转运动消失，旋转的动能变为压力能。

4）轴与轴承。泵轴是用来传递转矩的。在大型轴流泵中，为了在轮毂体内布置调节操作机构，泵轴常做成空心轴，里面安置调节操作油管。

5）密封装置。轴流式水泵出水弯管的轴孔处需要设置密封装置，通常采用压盖填料型密封装置。

（2）轴流泵的工作原理。水泵叶片下表面曲率大于上表面曲率，如图3-11所示。当叶轮转动时，旋转叶片的挤压推进力使流体获得能量，升高其压力能和动能。叶轮安装在圆筒形泵壳内，当叶轮旋转时，流经叶片下表面的水流速度必然高于上表面，下表面的压力要低于上表面。由于这个压力差

图3-11 轴流式水泵叶片

的存在，水对叶片产生一个向下的压力，而高速旋转的叶片将对水产生一个向上的推力，使之上升，水轴向流入，在叶片叶道内获得能量后，沿轴向流出。轴流泵适用于流量大、压力低的系统，在制冷系统中常用作循环水泵。

二、水泵的安装

空调水系统的大多数水泵都安装在混凝土基础上，小型管道泵直接安装在管道上，不做基础，其安装的方法和安装法兰阀门一样，只要将水泵的两个法兰与管道上的法兰相连即可。

1. 安装水泵前的检查

（1）开箱检查箱号和箱数以及包装情况。

（2）基础的尺寸、位置、标高应符合设计的要求，基础上平面的水平度应符合设备基础的质量要求。

（3）检查水泵的型号、规格及水泵铭牌的技术参数，应符合设计要求。

（4）开箱检查不应有铁件损坏和锈蚀等情况，进出管口保护物和封盖应完好。

（5）水泵盘车应灵活，无阻滞、卡阻现象，并无异常的声音。

2. 水泵隔振装置的安装

空调工程中冷却水及冷（热）水循环系统采用的水泵大多是整体出厂，即由生产厂家在出厂前先将水泵与电动机组合安装在同一个铸铁底座上，并经过调试、检验，然后整体包装运送到安装现场。安装单位不需要对泵体的各个组成部分再进行组合，经过外观检查未发现异常时，一般不进行解体检查，若发现有明显的与订货合同不符处，需要进行解体检查时，也应通知供货单位，由生产厂方来完成。水泵安装可分为无隔振要求和有隔振要求两种安装形式。

无隔振要求的水泵安装工艺有找平、找正及二次灌浆等。有隔振要求的水泵安装时宜采取隔振措施。水泵隔振措施有：水泵机组应设隔振元件，即在水泵基座下安装橡胶隔振垫、橡胶隔振器、橡胶减振器等；在水泵进出水管上宜安装可曲挠橡胶接头；管道支架宜采用弹性吊架、弹性托架；在管道穿墙或楼板处，应有防振措施，其孔口外径与管道间宜填以玻璃纤维。常用的隔振装置有橡胶隔振垫和减振器。

（1）橡胶隔振垫的安装。橡胶隔振垫由丁腈橡胶制成，具有耐油、耐腐蚀、耐老化等性能。它是以剪切受力为主的隔振垫，具有固有频率低、结构简单、使用方便等特点，广泛应用于各类振动机械设备的隔振、降噪。安装时，水泵基础台面应平整，以保证安装后的水平度；当水泵固定采用锚固时，应根据水泵的螺孔位置预留孔洞或预埋钢板，使地脚螺栓固定的尺寸准确。在水泵就位前将隔振垫按要求的支承点摆放在基础台面上，隔振垫应为偶数，按水泵的中轴线对应布置在基座的四角或周边，应保证各支承点荷载均匀且同一台水泵采用的隔振垫的面积、硬度及层数应一致。

（2）减振器的安装。常用的减振器有 JC 型剪切减振器、Z 型圆锥形减振器及 TJ 型弹簧减振器等。安装减振器时，除要求基础平面平整外，还应注意各组减振器承受荷载的压缩量应均匀，不得偏心；安装后应采取保护措施（加装与减振器高度相同的垫块），以保护减振器在施工过程中不承受荷载，待水泵配管工作完成后，在水泵试运转时可将垫块撤除。

减振器与水泵基础的固定，应根据具体情况，采取预留孔洞、预埋钢板及用膨胀螺栓等方法。

减振器应按设计要求选择和布置，应防止减振器布置位置不当和受力不均的现象。图3-12 和图 3-13 所示为采用 JC 型剪切减振器的立式和卧式离心泵的安装示意图。

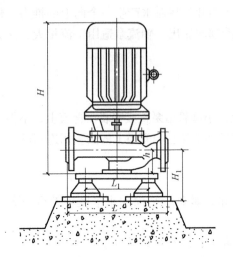

图 3-12 立式离心泵减振器安装示意图
L、H—水泵外形尺寸 L_1、H_1、h—水泵安装尺寸

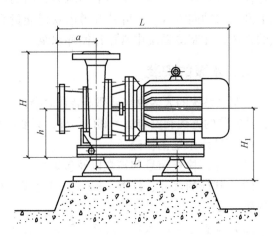

图 3-13 卧式离心泵减振器安装示意图
L、H—水泵外形尺寸 L_1、H_1、h—水泵安装尺寸

3. 水泵的吊装、找正与调平

（1）水泵的吊装。安装水泵的实际操作是从将放于基础脚下的水泵吊放到基础上开始的。整体水泵的安装必须在水泵基础已达到强度要求的情况下进行。在水泵基础面和水泵底座面上划出水泵中心线，然后进行水泵整体起吊。

吊装工具可用三角架和倒链滑车。起吊时，绳索应系在泵体和电动机吊环上，不允许系在轴承座或轴上，以免损伤轴承座或使轴弯曲。在基础上放好垫板，将整体的水泵吊装在垫板上，套上地脚螺栓和螺母，调整底座位置，使底座上的中心线和基础上的中心线保持一致。泵体的纵向中心线是指泵轴中心线，横向线一般都符合图样要求，偏差在 ±5mm 范围内，实现与其他设备的良好连接。

（2）水泵的找正。指将水泵上位到规定的部位，使水泵的纵横中心线与基础上的中心线对正。水泵的标高和平面位置的偏差应符合规范的要求。泵体的水平允许偏差一般为 0.3 ~ 0.5mm/m。用钢直尺检查水泵轴中心线的标高，以保证水泵能在允许的吸水高度内工作。

（3）水泵的调平。对无隔振和有隔振要求的水泵调平，可分别采用在水泵轴上用水平仪测轴向水平度，在水泵的底座加工面或出口法兰上用水平仪测纵、横水平度，用线坠吊垂线测量水泵进口法兰垂直面与垂线平行度的方式进行测量。

水泵的调平，如采用无隔振安装的方式，应用垫铁进行调整；如采用有隔振安装的方式，应对基础平面的水平度进行严格的检查，使之达到要求后方能安装，以减少水平度调整的难度。

当水泵找正、找平后，方可向地脚螺栓孔和基础与水泵底座之间的空隙内灌注混凝土，待混凝土凝固后再拧紧地脚螺栓，并对水泵的位置和水平度进行复查，以防在二次灌浆或拧紧地脚螺栓的过程中使水泵发生移动。水泵安装的允许偏差应符合规范的要求。

三、水泵的运行调节

1. 常见的水泵使用形式

在空调水系统中配置使用的水泵，由于使用要求和场合的不同，既有单台工作的也有联合工作的，既有并联工作的也有串联工作的，其形式多种多样。在循环冷却水系统中，常见的水泵使用形式就有以下三种。

（1）群机群泵对群塔系统。冷水机组、水泵、冷却塔分别并联后连接组成的系统，简称群机群泵对群塔系统，如图3-14所示。

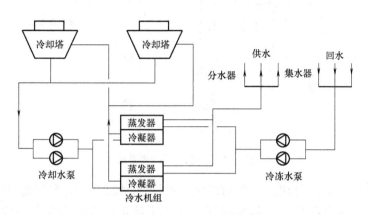

图3-14　群机群泵对群塔系统

（2）一机一泵对群塔系统。冷水机组与水泵一一对应与并联的冷却塔连接组成的系统，简称一机一泵对群塔系统，如图3-15所示。

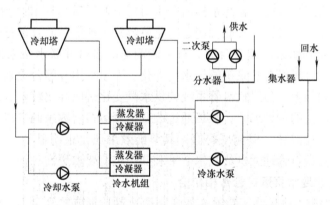

图3-15　一机一泵对群塔系统

（3）一机一泵一塔系统。冷水机组、水泵、冷却塔一一对应分别连接组成的系统，简称一机一泵一塔系统，如图3-16所示。

在循环冷冻水系统中，水泵的使用形式除了有群机对群泵（图3-14）和一机对一泵（图3-15和图3-16）等系统形式外，还有一级泵和二级泵系统形式之分。图3-14所示即为一级泵系统，而图3-15和图3-16所示则为二级泵系统（分水器后接有二次泵）。

2. 水泵的运行调节方法

水泵的运行调节主要是调水流量，可以根据不同情况采用改变水泵的转速、改变并联定速水泵的运行台数和改变转速与改变水泵运行台数相结合等基本调节方式。

（1）改变水泵的转速。水泵的性能参数都是相对某一转速而言的，当转速改变时，水泵的性能参数也会改变。变速调节节能效果显著，并且调节的稳定性好。

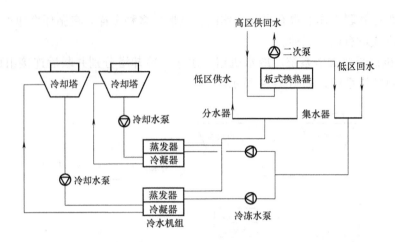

图 3-16 一机一泵一塔系统

变速调节可分为采用多极电动机的有级调速和采用变频器等调速装置的无级调速。应该引起注意的是,变速调节时的水泵最低转速不应小于额定转速的 50%,一般控制在 70% ~ 100%。否则,水泵的运行效率太低,造成功耗过大,可能会抵消降低转速所得到的节能效果。

此外,电动机输出功率过度低于额定功率,或者工作频率过度低于额定工频,都会使电动机的效率大大降低。由变频器驱动异步电动机时,电动机的电流会比额定工频供电时增大约 5%。

绝大多数冷水机组都是按一台冷水机组分别对应一台冷冻水泵和一台冷却水泵配置的,因此当有可观的节能潜力时,使其能变速运行是最容易实现的,而且运行管理也最简单。

(2)改变并联定速水泵的运行台数。对不能调速的多台并联水泵来说,可以采用改变使用的水泵台数来配合风机盘管系统的供水量变化。由于采用开停台数来调节流量,所以调节的梯次很少、梯间很大,与风机盘管系统的供水量变化适应性比较差。无调速的多台水泵并联形式是使用最广泛的一种形式,虽然通过改变水泵运行台数来调节流量的方式操作起来不太方便,适应性也比较差,但应用得好,其节能效果还是很明显的。相对于调速方式来说,这种调节方式对运行管理人员的技术水平和操作技能要求更高一些。

3. 改变转速与改变水泵运行台数相结合

将并联水泵全部配上无级调速装置(如变频调速器)形成的水泵组,理论上还可以采用"一变多定"的配置模式。例如,用一台配有变频器的变速泵与多台定速泵组合成并联水泵组,根据流量的变化情况,可采用改变运行水泵的台数和变速泵转速相结合的运行方式。

在水泵的日常运行调节中还要注意以下两个问题:一是在出水管阀门关闭的情况下,水泵的连续运转时间不宜超过 3min,以免水温升高导致水泵零部件损坏;二是当水泵长时间运行时,应尽量保证其在铭牌规定的流量和扬程范围工作,使水泵在高效率区运行(水泵变速运行时也要注意这一点),以获得最大的节能效果。

四、水泵的保养与维修

1. 水泵保养与维修内容

水泵保养包括一级保养和二级保养,水泵维修包括小修和大修。

(1)一级保养。保持水泵整洁,监视水泵油位,掌握水泵运行情况,做好运行记录;

检查各部件螺钉是否松动，以及真空表和压力表的波动情况。

（2）二级保养。除完成一级保养的全部内容外，应对真空表、压力表导管进行清理，确保真空表、压力表指示准确、可靠。对冷却和密封水管进行清理，以保证水泵运行的冷却和密封。

（3）小修。在完成上述二级保养的基础上，打开泵盖、卸下转子，将轴承盖拆下，清理、换油、调整间隙，同时对各部件进行检查，小的缺陷要修理，大的缺陷要更换，紧固各部件螺钉，调整联轴器的同心度，并确定下次大修时间。

（4）大修。将水泵解体，清洗和检查所有零件。更换和修理所有损坏和有缺陷的零件，检修或更换压力表，更换润滑油，测量并调整泵体的水平度。

2. 保养周期

一级保养由值班人员承担，每天进行。二级保养由值班人员承担，每运行720h进行一次。小修由检修人员承担，值班工作人员参加，每运行1800h进行一次。大修根据小修的工作情况确定大修的时间。

3. 检修质量标准

（1）主轴。检查主轴表面是否有伤痕，各部位尺寸是否在主轴技术要求的范围内；表面粗糙度值不得大于$Ra1.6\mu m$；轴颈的锥度与圆度不得大于轴径的1/2000，且不得超过0.05mm；泵轴允许弯曲度为0.06~0.1mm，如超过该值可用机械或加热法调直；键与键槽应紧密结合，不允许加垫片；不合格的主轴要及时更换。

（2）转子部件。泵轴与轴套不允许采用同种材料，以免咬死；泵轴与轴套接触面的表面粗糙度值不得大于$Ra3.2\mu m$；轴套端面相对轴线的垂直度误差应≤0.03mm；轴套不允许有明显的磨损伤痕；叶轮不允许有砂眼、穿孔、裂纹或因冲刷、汽蚀而使壁厚严重减薄的现象；叶轮应用去重法平衡，但切去的厚度不得大于壁厚的1/3；新装的叶轮必须进行静平衡，叶轮与轴配合时，键顶应有0.1~0.4mm的间隙；转子与定子总装后，应测定转子总轴的串量，转子定中心时应取总串量的一半；滑动轴承轴瓦的下瓦背与底座应接触均匀，接触面积应大于60%，瓦背不许加垫；合金层与瓦壳应结合良好，不允许有裂纹、砂眼、脱皮、夹渣等缺陷。

（3）密封。压盖与轴套的径向间隙一般为0.75~1.00mm；机械密封的压盖与垫片接触的平面对轴线的垂直度误差应≤0.02mm；压盖与填料箱内壁的径向间隙通常为0.15~0.20mm；机械密封与填料箱间的垫片厚度应为1~3mm；水封环与轴套的径向间隙一般为2~6mm；弹性联轴器与孔之间的径向间隙为1.0~1.5mm；联轴器找同心度时，电动机下边的垫片每组不能超过四块。

4. 水泵机组的完好标准

（1）机组运行正常，配件齐全，其磨损、腐蚀程度在允许的范围内。

（2）真空表、压力表、电流表、电压表等仪表指示灵敏，各种开关齐全，各冷却、润滑系统正常。

（3）机组设备良好，扬程、流量能满足正常需要；机组清洁，油漆完整，铭牌完好。

（4）开关柜及附属设备（如继电保护装置）可靠，各种阀门完好，起动、关闭自如。

（5）机组不允许漏电、漏油、漏水。

（6）机组运行时声音正常，电动机与泵的振动量与窜动量应在标准范围之内。

（7）基础与底座完整坚固，地脚螺栓及各部位螺栓完整、紧固。

（8）技术资料完整，应有设备卡片、检修及验收记录、电器试验记录、运行记录及设备更换部件图样等。

5. 水泵常见故障的排除

水泵在起动后及运行中经常出现的问题和故障的产生原因和解决方法见表3-1。

表3-1　水泵常见故障的产生原因和解决方法

问题或故障	原因分析	解决方法
泵不吸水，压力表、真空表指针剧烈摆动	1. 起动前灌水或抽真空不足	1. 重新灌水或抽真空
	2. 吸水管及真空表管漏入空气	2. 检查并排除故障
	3. 吸水面水位降低，吸水口吸入空气	3. 降低吸入高度，保持吸入口浸没水中
泵不出水，真空表数值高	1. 滤网、底阀或叶轮堵塞	1. 清洗滤网，清除杂物
	2. 底阀卡涩或漏水	2. 检修或更换底阀
	3. 泵内汽蚀	3. 排除汽蚀原因
	4. 叶轮翻转或装反	4. 改变接线相序，或重装叶轮
在运行中突然停止出水	1. 进水管口被堵塞	1. 清除堵塞物
	2. 有大量空气吸入	2. 检查管口及轴封的严密性
	3. 叶轮严重损坏	3. 更换叶轮
轴承过热	1. 润滑油不足	1. 及时加油
	2. 润滑油（脂）老化或油质不佳	2. 清洗后更换合格的润滑油（脂）
	3. 轴承安装不正确或间隙不合适	3. 调整或更换
	4. 水泵与电动机的轴不同心	4. 调整找正
填料函漏水过多	1. 填料压得不够紧	1. 拧紧压盖或补加一层填料
	2. 填料磨损	2. 更换
	3. 填料缠法错误	3. 重新正确缠放
	4. 轴有弯曲或摆动	4. 校直或校正
泵内声音异常	1. 有空气吸入，产生汽蚀	1. 查明原因，杜绝空气吸入
	2. 泵内有固体异物	2. 拆泵清除
泵体振动	1. 地脚螺栓或连接螺栓的螺母有松动	1. 拧紧
	2. 有空气吸入，产生汽蚀	2. 查明原因，杜绝空气吸入
	3. 轴承破损	3. 更换
	4. 叶轮破损	4. 修补或更换
	5. 叶轮局部有堵塞	5. 拆泵清除
	6. 水泵与电动机的轴不同心	6. 调整找正
	7. 水泵轴弯曲	7. 校直或更换
流量达不到额定值	1. 转速未达到额定值	1. 检查电压、填料、轴承
	2. 阀门开度不够	2. 开到合适开度
	3. 输水管道过长或过高	3. 缩短输水距离或更换合适的水泵
	4. 有空气吸入	4. 查明原因，杜绝空气吸入

（续）

问题或故障	原因分析	解决方法
流量达不到额定值	5. 进水管或叶轮内有异物堵塞	5. 清除异物
	6. 密封环磨损过多	6. 更换密封环
	7. 叶轮磨损严重	7. 更换叶轮
	8. 叶轮紧固螺钉松动使叶轮打滑	8. 拧紧该螺钉
电动机耗用功率过大	1. 转速过高	1. 检查电动机、电压
	2. 填料压得过紧	2. 适当放松
	3. 水泵与电动机的轴不同心	3. 调整找正
	4. 叶轮与泵壳摩擦	4. 查明原因,清除

【典型实例】

【实例1】 水泵的安装位置实例

空调水系统中，水泵的安装方式通常有压出式和吸入式两种。吸入式水系统是高层建筑常用的空调水系统，其特点是能减小制冷机蒸发器及冷凝器承受的压力，因而被广泛采用。但吸入式系统并不适用丁所有情况，如某工程建筑高度为20m，冷热水机组布置在一楼，冷却塔及膨胀水箱布置在屋顶，采用吸入式系统，因冷冻水、冷却水系统静压仅20m，而冷凝器、蒸发器的阻力损失为14~18m，加上管道系统的阻力，导致循环水泵吸入口处出现负压，从而产生汽蚀和水击现象，系统不能正常运行。将吸入式系统改为压出式系统后，水系统恢复正常。

普通制冷机蒸发器和冷凝器的工作压力一般为1MPa，静压力对应水头小于50m的空调水系统采用压出式水系统较为合理，不会造成蒸发器和冷凝器承压过大，也不会产生汽蚀，当空调水系统静压力对应水头大于50m时，则采用吸入式水系统以降低系统的工作压力。

【实例2】 冬夏季水泵的选取实例

很多空调都是冬夏两用的，即随着季节的变化，为盘管供应冷水或热水。冬季热负荷一般比夏季冷负荷小，且空调水系统的供回水温差夏季一般取5℃，冬季取10℃。根据空调水系统循环流量计算公式 $G = 0.86Q/\Delta T$ （式中，Q 为空调负荷，单位为 kW；ΔT 为水系统温差，单位为℃；G 为水系统循环流量，单位为 m^3/h），夏季空调循环水流量将是冬季的2~3倍。假设冬季流量为夏季流量的1/3，系统设计采用双管制，即冬夏季管路特性曲线是一致的，由 $H = SQ^2$，得到 $H_1/H_2 = Q_{12}/Q_{22}$，则冬季水泵流量为夏季的1/3，扬程为夏季的1/9。为节约能源，可考虑设计两组定速泵分别供冬夏季使用，也可采用调速泵的运行方式。如果设计中冬季用泵和夏季用泵分别设置，并联运行，冬季工况运行低扬程泵，将获得显著的节能效果。如某大厦冬夏季计算负荷分别为840kW和1002kW，循环水温度夏季为7℃/12℃、冬季为60℃/50℃，循环水量夏季为180m³/h、冬季为80m³/h，夏季最不利环路损失为230kPa，根据公式 $H_1/H_2 = Q_{12}/Q_{22}$，可得冬季的最大环路损失为45.4kPa。现采用两种设计方案：方案一是冬夏季不同负荷及部分负荷时共用循环水泵，采用三台 KQL100/150—

11/2 型号泵，夏季两用一备，冬季运行时只需一台泵的流量就能满足要求，而水泵的扬程远大于实际所需的压头，只能靠关小阀门来消耗掉；方案二是冬夏季分设不同的水泵并联，采用阀门切换，此工程冬季用泵可选择 KQL80/90—2.2/2 型号泵三台，两用一备。

【实例3】 水泵的维护保养操作实例

水泵的维护保养重点是加润滑油、及时更换轴封、解体检修和除锈刷漆，以及防水防冻。

（1）轴承加（换）油操作。轴承采用润滑油润滑的，在水泵使用期间，每天都要观察油位是否在油镜标识范围内。油不够就要通过注油杯加油，并且要每年清洗、换油一次。根据工作环境的温度情况，润滑油可以采用 20 号或 30 号机械油。

轴承采用润滑脂（俗称黄油）润滑的，在水泵使用期间，每工作 2000h 换油一次。润滑脂最好使用钙基脂，也可以采用 7019 号高级轴承脂。

（2）更换轴封操作。由于填料用一段时间就会磨损，当发现漏水或漏水滴数超标时就要考虑是否需要压紧或更换轴封。对于采用普通填料的轴封，泄漏量一般不得大于 60mL/h，而机械密封的泄漏量则一般不得大于 10mL/h。

（3）解体检修操作。一般每年应对水泵进行一次解体检修，内容包括清洗和检查。清洗主要是刮去叶轮内外表面的水垢，特别是叶轮流道内的水垢要清除干净，因为它对水泵的流量和效率影响很大。此外还要注意清洗泵壳的内表面以及轴承。在清洗过程中，对水泵的各个部件顺便进行详细认真的检查，以便确定是否需要修理或更换，特别是叶轮、密封环、轴承、填料等部件要重点检查。

（4）除锈刷漆操作。水泵在使用时通常都处于潮湿的空气环境中，有些没有进行绝热处理的冷冻水泵，在运行时泵体表面更是被水覆盖（结露所致）。长期这样，泵体的部分表面就会生锈。为此，每年应对没有进行绝热处理的冷冻水泵泵体表面进行一次除锈刷漆作业。

（5）放水防冻操作。水泵停用期间，如果环境温度低于 0℃，就要将泵内的水全部放干净，以免水的冻胀作用胀裂泵体。特别是在室外工作的水泵，尤其不能忽视，如果不做好这方面的工作，将会带来重大损失。

课题二　冷却塔的结构与维护

【相关知识】

空调水系统常用的冷却方式为水冷式。水冷式系统通常采用开式循环形式，一般冷却塔均为开放式冷却塔。

一、冷却塔的类型与结构

冷却塔的作用是利用空气的强制流动，使冷却水部分汽化，把冷却水中的一部分热量带走，从而使水温下降，水得到冷却。在制冷设备工作过程中，从制冷机的冷凝器中排出的高温冷却循环水通过水泵进入冷却塔，依靠水和空气在冷却塔中的热湿交换，降温冷却后循环使用。

1. 冷却塔的分类

冷却塔的形式有很多种，一般有以下几种分类方式。

（1）按外形分，有圆形与方形，如图3-17所示。

（2）按通风方式分，有自然通风冷却塔和机械通风冷却塔。

（3）按水流方向与风向不同分，有逆流式冷却塔和横流式冷却塔。

（4）按淋水方式分，有点滴式、点滴薄膜式、薄膜式和喷水式。

（5）按室外空气和循环水的接触方式分，有开式系统和闭式系统。

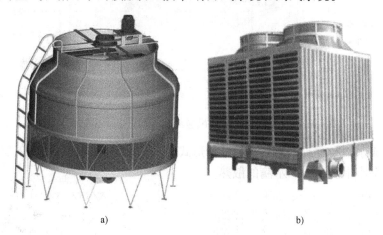

a) b)

图3-17 冷却塔外形

a）圆形逆流式冷却塔 b）方形横流式冷却塔

空调水系统中常用的冷却塔多为逆流和横流式，淋水方式采用薄膜式，一般单座冷却塔和小型冷却塔多采用圆形或方形逆流式冷却塔，而多座和大型冷却塔多采用横流冷却塔。

2. 冷却塔的结构

以常用的圆形机械通风逆流式冷却塔为例，其典型结构如图3-18所示。冷却塔主要由塔体、风机叶片、电动机和减速器、旋转播水器（布水器）、淋水装置、填料、进出水管系统和塔体支架等组成。塔体一般由上、中、下塔体及进风百叶窗组成，塔体材料为玻璃钢。风机为立式全封闭防水电动机，圆形冷却塔的风叶直接装于电动机侧端。而对于大型冷却塔，风叶则采用减速装置驱动，以实现风叶平稳运转。布水器一般为旋转式，利用水的反冲力自动旋转布水，使水均匀地向下喷洒，与向上或横向流动的气流充分接触。大型冷却塔为了布水均匀和旋转灵活，布水器的转轴上安装有轴承。冷却塔的填料多采用改性聚氯乙烯或聚丙烯等，当冷却水温达80℃以上时，则采用铅皮或玻璃钢填料。

（1）冷却塔的淋水装置。淋水装置又称冷却填料。进入冷却塔的冷却水流经填料后，溅散成细小的水滴而形成水膜，增加水和空气接触的时间，使水与空气更充分地进行热交换，降低冷却水温。

淋水装置可由不同材料制成不同断面形状，并以不同方式排列。淋水装置按照水喷洒在冷却填料表面所形成的冷却表面形式，可分为点滴式、薄膜式和点滴薄膜式三种。

1）点滴式淋水装置。将矩形或三角形的木材、竹材、水泥格网板及塑料板条，按照一

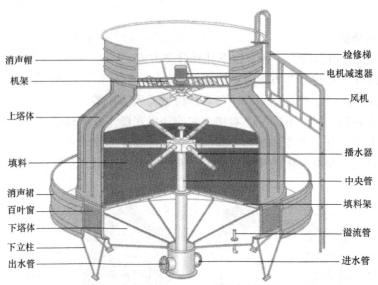

图 3-18 圆形机械通风逆流式冷却塔的典型结构

定的间距排列成水平布置或倾斜布置的各种形式，冷却水从上层板条落在下层板条上，大水滴被溅散成许多小水滴，增加水滴的散热面积，使水温降低。

点滴式淋水装置中板条的排列形式如图 3-19 所示，有倾斜式和棋盘式等。

2）薄膜式淋水装置。目前采用较多的有格网板、蜂窝、斜交错和点波等形式，其散热以水膜为主。

①格网板淋水装置。格网板淋水装置一般常用于大型冷却塔，多采用铅丝水泥格网板或用 3mm 塑料板插制的格网板，图 3-20 所示为采用铅丝水泥制作的格网板。

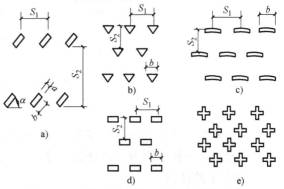

图 3-19 点滴式淋水装置中板条的排列形式
a）倾斜矩形板条 b）三角形板条 c）弧形板条
d）水平矩形板条 e）十字形板条

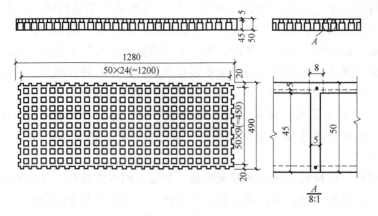

图 3-20 铅丝水泥格网板

② 蜂窝淋水装置。蜂窝淋水装置填料的样式如图 3-21 所示。其蜂窝淋水填料是用浸渍绝缘纸由酚醛树脂粘接成纸芯，经张拉、浸树脂、烘干固化，制成蜂窝状的淋水板块。

③ 斜交错淋水装置。斜波交错填料的构造如图 3-22 所示。斜波交错填料的淋水片由厚 0.4mm 左右的塑料硬片压制成波纹倾斜瓦楞板状，然后以 30～60 片为一组捆成一捆，填充在淋水装置内。相邻两片的波纹反向组装，形成斜交错状波纹。水流在相邻两片的棱背接触点上均匀地分成两股，自上而下多次接触再分配，充分扩散到各个表面，增大了散热效果。

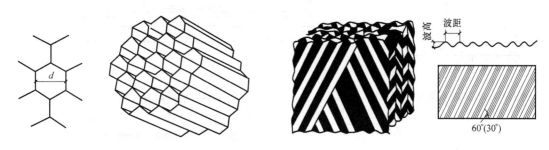

图 3-21　蜂窝淋水装置的填料　　　　　　图 3-22　斜波交错填料

④ 点波淋水装置。其点波片由 0.3～0.5mm 厚的塑料硬片压制而成，成凹凸波浪状，用铜丝正反串联或粘接成多层的空心体。其上下左右均可相互沟通，使其与冷却水热交换比较充分，冷却效果较好。

3）点滴薄膜式淋水装置。它是由点滴式和薄膜式两种淋水装置组合而成的新型淋水装置。一般冷却塔的上部为点滴式，下部为薄膜式，这将使配水均匀，冷却效率提高。

（2）冷却塔的配水装置。配水装置的作用是把冷却水均匀地分配到淋水装置的整个淋水面积上。配水装置有管式、槽式和池式三种。

1）管式布水器。管式布水器又分为固定布水和旋转布水两种类型。

① 固定管式布水器：布水器的布水管一般布置成树枝状和环状，布水支管上装有喷头。喷头前的水压一般控制在 0.04～0.07MPa。如水压过低，会使喷水不均匀，反之则会消耗过多的能量。

② 旋转管式布水器。旋转管式布水器如图 3-23 所示。布水器的进水管从冷却塔底部伸至淋水装置，在管口安装旋转布水管，靠喷头的反作用力来推动一组管子环绕中心轴旋转，并喷洒水滴至淋水装置的配水器上。旋转管式布水器适用于圆形冷却塔。

2）槽式配水器。槽式配水器由配水槽、溅水喷嘴和溢水管等组成，其配水系统如图 3-24 所示。

3）池式配水器。池式配水器由配水池、溢流管和溅水碟等组成，其配水系统如图 3-25 所示。

槽式配水器和池式配水器的特点是供水压力低，可减少水泵的功耗。

（3）冷却塔的通风设备。机械通风式冷却塔

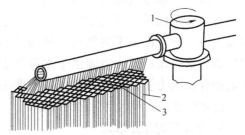

图 3-23　旋转管式布水器

1—旋转头　2—填料　3—斜形长条喷水口

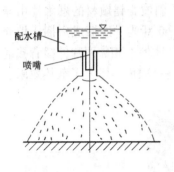

图 3-24 槽式配水系统

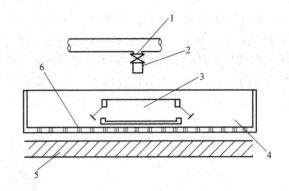

图 3-25 池式配水系统

1—流量控制阀 2—进水管 3—消能箱
4—配水池 5—淋水填料 6—配水孔

中的通风机一般采用轴流式风机,通过调整其叶片的安装角度来调节风压和风量。通风机的电动机多采用封闭式电动机,对其接线端子采取了密封、防潮措施。

(4) 冷却塔的空气分配装置。空气分配装置对逆流式冷却塔是指进风口和导风板部分;对横流式冷却塔是指进风口部分。

一般进风口面积与淋水装置面积的比值范围:薄膜式淋水装置为 0.7 ~ 1.0;点滴式淋水装置为 0.35 ~ 0.45。

抽风式和开放式冷却塔的进风口应朝向塔内倾斜的百叶窗,以改善气流条件,并防止水滴溅出和杂物进入冷却塔内。

(5) 冷却塔的收水器。收水器的作用是将空气和水分离,减少由冷却塔排出的湿空气带出的水滴,降低冷却水的损耗量。它是由塑料板、玻璃钢等材料制成的两折或三折的挡水板。冷却塔内的收水器可使冷却水的损耗量降低至 0.1% ~ 0.4%。

3. 冷却塔的工作原理

冷却塔的工作原理如图 3-26 所示。干燥的空气经过风机的抽动后,自进风网处进入冷却塔内,湿热的水自播水系统洒入塔内,饱和蒸汽压力大的高温水分子向压力低的空气流动,当水滴和空气接触时,一方面由于空气与水的直接传热,将水中的热量带走;另一方面由于水蒸气表面和空气之间存在压力差,在压力的作用下产生蒸发现象,蒸发传热,从而达到降温的目的。

4. 冷却塔的专业术语

(1) 冷却度:是指水流经冷却塔前后的温差。它等于进入冷却塔的热水与离开的凉水之间的温度差。

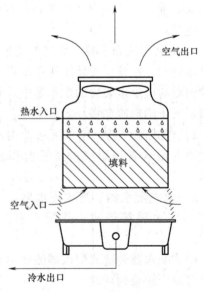

图 3-26 冷却塔的工作原理

（2）冷却幅度：是指冷却塔出水温度与环境空气湿球温度之差。

（3）热负荷：是指冷却塔每小时"排放"的热量值。热负荷等于循环水量乘以冷却度。

（4）冷却塔压头：是指冷却水由塔底提升到顶部并经喷嘴喷出所需要的压力。

（5）漂损：是指水以细小的液滴形式混杂在循环空气中而造成的少量损失。

（6）泄放：是指连续或间接地排放少量循环水，以防止水中化学致锈物质的形成和浓缩。

（7）补给：是指为替补蒸发、漂损和泄放所需补充的水量。

（8）填料：是指冷却塔内使空气和水同时通过并得到充分接触的填充物，有膜式、片式、松散式和飞溅式填料之分。

（9）水垢抑制剂：是指为防止或减少在冷却塔中形成硬水垢而添加在水中的化学物质，常用的有磷酸盐、无机盐、有机酸等。

（10）防藻剂：是指为抑制在冷却塔中生成藻类植物而添加在水中的化学物质，常用的有氯、氯化苯酚等。

二、冷却塔的安装

空调制冷系统所用的冷却塔为逆流式和横流式，其淋水装置采用薄膜式。一般单座塔和小型塔多采用逆流圆形冷却塔，而多座塔和大型塔多采用横流式冷却塔。

1. 安装冷却塔前的准备

安装冷却塔前应进行检查准备，具备下列条件方能安装。

（1）冷却塔应安装在通风良好的部位，其进风口与周围的建筑物应保持一定的距离，保证新的空气能进入冷却塔，应避免将其安装在通风不良和有湿空气回流的场合，以免降低冷却塔的冷却能力。

（2）冷却塔应避免安装在变电所、锅炉房等有热源的场所，也应避免安装在粉尘飞扬场所的下风口，且不能布置在煤堆、化学物品堆放处，塔体要远离明火。

（3）冷却塔的混凝土基础位置应符合设计要求，其养护的强度应达到安装承重的要求。

（4）基础的预埋钢板或预留的地脚螺栓孔洞的位置应正确。

（5）应对冷却塔各基础的标高进行检查，使其符合设计要求，其允许偏差为 ± 20 mm。

（6）冷却塔的部件经现场检查验收完毕。

（7）冷却塔入风口端与相邻建筑物之间的最短距离不小于 1.5 倍塔高。

（8）不宜安装在有腐蚀性气体存在的地方，如烟囱旁及温泉地区等。

2. 冷却塔的安装要求

（1）冷却塔入口端与相邻建筑物之间的最短距离不小于塔高的 1.5 倍。

（2）冷却塔的安装位置不能靠近变电设备、锅炉房或其他有明火及有腐蚀性气体的场所。

（3）冷却塔的间距设置要求如下：

1）逆流式冷却塔的间距应大于塔高。

2）横流式冷却塔的间距应大于塔高的 1/2。

3）设置两台冷却塔以上时，圆形逆流式冷却塔的间距应大于塔体的半径；方形逆流式冷却塔的间距应大于塔体长度的 1/2。

（4）冷却塔基础要求如下：

1）冷却塔基础的最小高度应为30cm，多台冷却塔的基础必须在一个平面内。

2）冷却塔基础要按规定尺寸预埋好水平钢板，各基础面标高应在同一水平面上，标高的误差要求在1mm内，分角中心误差要求在2mm内。

3）塔体放置应保持水平，在塔体脚座与基础之间应装设避振器。

（5）冷却塔基本配管要求如下：

1）配管管径不得小于冷却塔的出配管出入水管的管径。

2）冷却塔水泵和交换器之间的出水管上应装控制阀。

3）冷却塔与水泵之间的管道上应安装水过滤器。

4）管径大于100mm的配管，在冷却塔与水泵之间的出入水管道上应安装防振接头或防振软接头。

3. 冷却塔的安装形式

冷却塔有高位安装和低位安装两种形式。安装的具体位置应根据冷却塔的形式及建筑物的布置而定。

冷却塔的高位安装即将其安装在冷冻站建筑物的屋顶上，对于冷库或高层民用建筑的空调制冷系统，普遍采用冷却塔高位安装，这样可以减少占地面积。冷却塔高位安装是将需要处理的冷水从蓄水池（或冷凝器）经水泵送至冷却塔，冷却降温后从塔底集水盘向下自流，再压入冷凝器中，并不断循环。补水过程一般由蓄水池或冷却塔集水盘中的浮球阀自动控制。

冷却塔的低位安装是将其安装在冷冻站附近的地面上。其缺点是占地面积较大，一般常用于混凝土或混合结构的大型工业冷却塔。

冷却塔的安装按照不同的规格，又可分为整机安装和现场拼装两种形式。现场拼装的冷却塔在安装时由三部分组成，即主体拼装、填料的填充及附属部件的安装。

冷却塔的主体拼装包括塔支架、托架的安装和塔下体、上体的拼装两大部分；冷却塔附属部件包括布水装置、通风设备、收水器及消声装置等。冷却塔现场拼装的安装要点见表3-2。

表3-2　冷却塔现场拼装的安装要点

主体的拼装	填料的填充	附属部件的安装	
		布水装置的安装	通风设备的安装
①使塔体主柱脚与基础预埋钢板或地脚螺栓连接，并找平找正，使之牢固稳定 ②各连接部位的紧固件应采用热镀锌或不锈钢螺栓和螺母 ③各连接部位的紧固件的紧固程度应一致，达到接缝严密，表面平整 ④集水盘拼缝处应加密封垫片或糊同质材料以保证无渗漏 ⑤冷却塔安装后，单台的水平度、垂直度允许偏差为2/1000 ⑥在安装中所有钢构件焊接处应做防腐处理 ⑦冷却塔主体安装过程中的焊接，要有防火安全技术措施，特别是填料装入后应禁止焊接	①填料片要求亲水性好、安装方便、不易阻塞、不易燃烧。若使用塑料填料片，宜采用阻燃性良好的改性聚氯乙烯 ②填料安装时要求间隙均匀、上表面平整、无塌落和叠片现象，填料不得穿孔、破裂，填料片最外层应与冷却塔内壁紧贴，片体之间无空隙	①冷却塔的出水管、喷嘴的方向及位置应正确，布水系统的水平管路安装应保持水平，连接的喷嘴支管应垂直向下，并保证喷嘴底面在同一水平面内 ②采用布水器布水时，应保证布水管正常运转，布水管端与塔体间隙为50mm，布水管与填料的间隙不小于20mm。水管开孔方向应正确，孔口光滑，旋转时无明显摆动 ③采用喷嘴布水时，要减少中空现象 ④横流式冷却塔采用池式布水，配水槽应水平，孔口应光滑，最小积水深度为50mm	①安装轴流风机时应保证风筒的圆度和喉部尺寸 ②在安装前应先检查风机齿轮箱和电动机各部件有无损坏，安装时必须对底座进行找平 ③应对各部件的连接件、密封件检查，不应有松动现象 ④对于可调整角度的叶片，其角度必须一致，而且叶片顶端与风筒内壁的径向间隙应均匀

三、冷却塔运行调节

1. 试运转的准备工作

（1）清扫冷却塔内的夹杂物和尘垢，并用清水冲洗填料中的灰尘和杂物，防止冷却水管或冷凝器等堵塞。

（2）给冷却塔和冷却水管路系统供水前先用水冲洗排污，直到系统无污水流出。在冲洗过程中不能将水通入冷凝器中，应采用临时的短路措施，待管路冲洗干净后，再连接冷凝器与管路。管路系统应无漏水现象。

（3）检查自动补水阀的动作是否灵活准确。

（4）应对冷却塔内的补给水、溢水的水位进行校验，使之准确无误，防止浪费水源。

（5）应将横流式冷却塔配水池的水位以及逆流式冷却塔旋转布水器的转速等调整到使进水量适当，使喷水量和吸水量达到平衡。

（6）确定风机电动机的绝缘情况及风机的旋转方向，必须使电动机控制系统动作正确。

2. 冷却塔试运转

冷却塔试运转时，应检查风机的运转状态和冷却水循环系统的工作状态，并记录运转情况及有关数据。如无异常现象，连续运转时间不应少于2h。

（1）检查喷水量和吸水量是否平衡，并观察补给水和集水池的水位等运行状况，应达到冷却水不跑、不漏的良好状态。

（2）检查布水器的旋转速度和布水器的喷水量是否均匀，如发现布水器运转不正常，应暂停运转，排除故障。

（3）测定风机的电动机起动电流和运转电流值，并控制运转电流在额定电流范围内。

（4）运行时，冷却塔本体应稳固无异常振动，若有振动，应查出使冷却塔产生振动的原因。用声级计测量冷却塔的噪声，应符合设备技术文件的规定。

（5）测量冷却塔出入口冷却水的温度。如果冷却塔与空调制冷设备联合运转，可由冷却塔出入口冷却水的温度分析冷却塔的冷却效果。

（6）测量风机轴承的温度，应符合设备技术文件的要求和验收规范对风机试运行的规定。

（7）检查喷水的偏流状态，并找出原因。

（8）检查冷却塔正常运转后的飘水情况，如有较大的水滴出现，应查明原因。

在试运转过程中，冷却塔管道内残留的及随空气带入的泥沙、尘土会沉积到集水池底部，因此试运转工作结束后，应清洗集水池，并清洗水过滤器。试运转后如冷却塔长期不使用，应将循环管路及集水池中的水全部放出，防止形成污垢和冻坏设备。

3. 冷却塔的运行调节过程

由于冷却水的流量和回水温度直接影响到制冷机的运行工况和制冷效率，因此保证冷却水的流量和回水温度至关重要。可通过对设备进行调节来保证回水温度在规定的范围内。

冷却塔的运行调节主要通过调节并联运行的冷却塔台数、冷却塔的风机运行台数、风机转速和冷却塔供水量来适应冷凝负荷的变化及天气情况的变化，保证冷却回水温度在规定的范围内。

（1）调节冷却塔运行台数。当冷却塔为多台并联配置时，不论每台冷却塔的容量大小是否有差异，都可以通过开动同时运行的冷却塔台数来适应冷却水量和回水温度的变化要求。

（2）调节冷却塔风机运行台数。当所使用的是一塔多风机配置的矩形塔时，可以通过调节同时工作的风机台数来改变进行热湿交换的通风量，在循环水量保持不变的情况下调节回水温度。

（3）调节冷却塔风机转速（通风量）。采用变频技术或其他电动机调速技术，通过改变电动机的转速进而改变风机的转速，使冷却塔的通风量发生改变，在循环水量不变的情况下来达到控制回水温度的目的。当室外气温比较低，空气又比较干燥时，甚至还可以停止冷却塔风机的运转，仅利用空气与水的自然热湿交换来达到使冷却水降温的目的。

（4）调节冷却塔供水量。采用与风机调速相同的原理和方法，改变冷却水泵的转速，使冷却塔的供水量发生改变，在冷却塔通风量不变的情况下同样能够达到控制回水温度的目的。

如果在制冷机冷凝器的进水口处安装温度感应控制器，根据设定的回水温度，调节设在冷却水泵入水口处的电动调节阀的开启度，以改变循环冷却水量来适应室外气象条件的变化和制冷机制冷量的变化，也可以保证回水温度不变。但该方法的流量调节范围受到限制，因为水泵和冷凝器的流量都不能降得很低。此时，可以采用改装三通阀的形式来保证通过水泵和冷凝器的流量不变，仍由温度感应控制器控制三通阀的开启度，用不同温度和流量的冷却塔供水与回水，使冷凝器进水温度符合要求。其系统形式如图3-27所示。

上述各调节方法都有其优缺点和一定的使用局限性，既可以单独采用，又可以综合采用。减少冷却塔运行台数和冷却塔风机降速运行的方法还会起到节能和降低运行费用的作用。因此，要结合实际情况，经过全面的技术经济分析之后再决定采用何种调节方法。

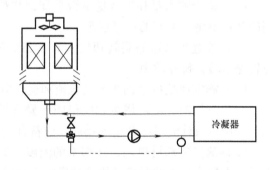

图3-27　三通阀控制冷凝器进水温度

需要引起注意的是，由于冷却塔是一种定型产品，其性能是按额定流量设计的，如果流量减少，会影响布水（配水）装置工作，进而影响塔内布水（配水）的均匀性和冷却塔的热湿交换效果。因此，一般冷却塔生产厂家要求冷却水流量变化不应超过额定流量的±20%。

四、冷却塔常见故障的排除

冷却塔在运行过程中常见的问题或故障及其产生的原因和排除方法见表3-3。

表3-3　冷却塔的问题或故障及其产生的原因和排除方法

问题或故障	原因分析	解决方法
出水温度过高	1. 布水管部分出水孔堵塞,造成偏流	1. 清除堵塞物
	2. 进出空气不畅或短路	2. 查明原因并改善
	3. 通风量不足	3. 参见"通风量不足"的解决方法
	4. 进水温度过高	4. 检查冷水机组
	5. 室外湿球温度过高	5. 如果只是暂时的可不处理

（续）

问题或故障	原因分析		解决方法
通风量不足	1. 风机转速降低	①传动带松弛	1. ①调整电动机位置,张紧或更换传动带
		②轴承润滑不良	②加油或更换轴承
	2. 风机叶片角度不合适		2. 调至合适角度
	3. 风机叶片磨损		3. 修复或更换
	4. 填料部分堵塞		4. 清除堵塞物
集水盘溢水	1. 集水盘出水口(滤网)堵塞		1. 清除堵塞物
	2. 浮球阀失灵,不能自动关闭		2. 修复
集水盘中水位偏低	1. 浮球阀开度偏小,造成补水量小		1. 开大到合适开度
	2. 管道系统有漏水的地方		2. 查明漏水处,堵漏
	3. 冷却过程失水过多		3. 查明原因,补水
有明显飘水现象	1. 循环水量过大或过小		1. 调节阀门至合适水量
	2. 通风量过大		2. 降低风机转速或调整风机叶片角度
	3. 填料中有偏流现象		3. 查明原因,使其均流
	4. 布水装置转速过快		4. 调至合适转速
	5. 隔水袖(挡水板)安装位置不当		5. 调整
布(配)水不均匀	1. 布水管(配水槽)部分出水孔堵塞		1. 清除堵塞物
	2. 循环水量过小		2. 加大循环水量
填料、集水盘有微生物	1. 冷却塔所处环境太差		1. 缩短维护保养(清洁)的周期
	2. 水处理效果不好		2. 调整水处理方案,加强除垢和杀菌
有异常声音或振动	1. 风机轴承缺油或损坏		1. 加油或更换
	2. 风机叶片与其他部件碰撞		2. 查明原因,排除
	3. 有些部件紧固螺栓的螺母松动		3. 紧固
	4. 风机叶片螺钉松动		4. 紧固
	5. 传动带与防护罩摩擦		5. 张紧传动带,紧固防护罩
	6. 齿轮箱缺油或齿轮组磨损		6. 加够油或更换齿轮组
	7. 隔水袖(挡水板)与填料摩擦		7. 调整隔水袖(挡水板)或填料
滴水声过大	1. 填料下水偏流		1. 查明原因,使其均流
	2. 集水盘(槽)中未装吸声垫		2. 集水盘(槽)中加装吸声垫

【典型实例】

【实例1】清洁冷却塔

由于冷却塔长期置于室外,保持塔内外各部件的清洁是其维护保养工作的重点之一。冷却塔的清洁,特别是其内部和布水（配水）装置的定期清洁,是冷却塔能否正常发挥冷却效能的基本保证,所以不能忽视。清洁冷却塔时,除了外壳可以不停机清洁外,其他部分的清洁工作都要停机后才能进行。

（1）清洁冷却塔外壳。常用的圆形和矩形冷却塔，包括那些在出风口和进风口加装了消声装置的冷却塔，其外壳都是采用玻璃钢或高级 PVC 材料制成的，能抵抗紫外线和化学物质的侵蚀，密实耐久，不易褪色，表面光亮，不需另刷油漆做保护层。因此，当其外观不清洁时，只需用清水或清洁剂清洗即可恢复光亮。

（2）清洁冷却塔填料。填料作为空气与水在冷却塔内进行充分热湿交换的媒介，通常是由高级 PVC 材料加工而成的。PVC 是塑料的一种，很容易清洁。当发现其有污垢或微生物附着时，用清水或清洁剂加压冲洗，或从塔中拆出分片进行刷洗即可恢复原貌。

（3）清洁冷却塔集水盘。集水盘中有污垢或微生物积存时最容易被发现，采用刷洗的方法就可以很快使其干净。但要注意的是，清洗前要堵住冷却塔的出水口，清洗时打开排水阀，让清洗后的脏水从排水口排出，避免其流入冷却水回水管。在清洗布水装置（配水槽）填料时也要如此操作。

此外，不能忽视在集水盘的出水口处加设一个过滤网的好处。在这里设过滤网可以在冷却塔运行期间挡住大块杂物（如树叶、纸屑、填料碎片等），防止其随水流进入冷却水回水管道，而且清洁起来方便、容易，可以大大减轻水泵入口水过滤器的负担，减少其拆卸清洗的次数。

（4）清洁冷却塔布水装置。对圆形塔布水装置的清洁，重点应放在有众多出水孔的几根布水支管上，要把布水支管从旋转头上拆卸下来仔细清洗。

（5）清洁冷却塔吸声垫。由于吸声垫是疏松纤维型的，长期浸泡在集水盘中，很容易附着污物，需要用清洁剂配合高压水冲洗。

【实例2】 维护保养冷却塔

为了使冷却塔能安全正常地使用，除了做好清洁工作外，还要保障风机、电动机及其传动装置的性能良好；保证补水与布水（配水）装置工作正常。为此要定期做好以下几方面的维护保养工作。

（1）对使用带传动的减速装置，每两周停机检查一次传动带的松紧度，不合适时要调整。如果几根传动带松紧程度不同，则要全套更换；如果冷却塔长时间不运行，则最好将传动带取下来保存。

（2）对使用齿轮减速装置的，每个月停机检查一次齿轮箱中的油位，油量不够时要加补到位。此外，冷却塔每运行 6 个月要检查一次油的颜色和黏度，达不到要求时必须全部更换。当冷却塔累计使用 5000h 后，不论油质情况如何，都必须对齿轮箱做彻底清洗，并更换润滑油。齿轮减速装置采用的润滑油一般多为 30 号或 40 号机械油。

（3）由于冷却塔的风机、电动机长期在湿热环境下工作，为了保证其绝缘性能，不发生电动机烧毁事故，每年必须做一次电动机绝缘情况测试。如果达不到要求，要及时处理或更换电动机。

（4）检查填料是否损坏，如果有损坏，要及时修补或更换。

（5）风机系统所有轴承的润滑脂一般每年更换一次。

（6）当采用化学药剂进行水处理时，要注意风机叶片的腐蚀问题。为了减缓腐蚀，每年应清除一次叶片上的腐蚀物，均匀涂刷防锈漆和酚醛漆各一道；或者在叶片上涂刷一层 0.2mm 厚的环氧树脂，其防腐性能一般可维持 2~3 年。

（7）在冬季冷却塔停止使用期间，有可能因积雪而使风机叶片变形时，可以采取两种办法加以避免：一是停机后将叶片旋转到垂直地面的角度紧固；二是将叶片或叶片和轮毂一起拆下放到室内保存。

（8）在冬季冷却塔停止使用期间，有可能发生冰冻现象，这时要将集水盘和管道中的水全部放光，以免冻坏设备和管道。

【实例 3】 军团病的预防与冷却塔消毒操作

军团病的预防是冷却塔维护保养工作的内容之一。当冷却塔长期停用（一个月以上）再起动时，应进行彻底的清洗和消毒；在运行中，每个月需清洗一次；每年至少彻底清洗和消毒两次。比较常用的对冷却塔进行消毒的方法是加次氯酸钠（含有效氯 5mg/L），关风机开水泵，将水循环 6h 消毒后排干，彻底清洗各部件和潮湿表面；充水后再加次氯酸钠（含有效氯 5～15mg/L）以同样方式消毒 6h 后排水。

课题三　水塔、水池、水箱的结构与维护

【相关知识】

水塔、水池和水箱是管网中的流量调节构筑物，同时又可保证管网所需的水压。水塔通常设在地势平坦的位置，若城镇或工业企业处于丘陵、山区或高原地带，则应修建高位水池。

一、水塔与水池

1. 水塔

水塔由水柜（或水箱）塔架、管道和基础组成，如图 3-28 所示。进、出水管可以合用，也可分别设置。进水管应伸到水柜最高水位附近，在顶端装挡水罩或弯管进水口。出水管应靠近柜底，以保证水柜内的水流循环。为防止水柜溢水，须设置溢水管；为保证能将柜内存水放空，须放置排水管，其管径应与进、出水管相同。溢水管上不应设阀门；排水管从水柜底接出，管上设阀门，并接到溢水管上。和水柜连接的水管上应安装伸缩接头，以便温度变化或水塔下沉时有适当的伸缩余地。

为观察水柜内的水位变化，应设浮标水位尺或电传水位计。水塔顶应设有避雷设施。水柜通常为圆筒形，高度和直径之比为 0.5～1.0。水柜不宜过高，以免柜内水位变化过大，增加水泵压力，消耗能量。

塔体用以支承水柜，常用钢筋混凝土、砖石或钢材建造。近年来也采用装配式和预应力钢筋混凝土水塔。水塔基础可采用单独基础、条形基础和整体基础。

砖石水塔的造价比较低，但施工费时，自重较大，宜建于地质条件较好的地区。从就地取材的角度，砖石结构可和钢筋混凝土结合使用，即水柜用钢筋混凝土，塔体用砖石结构。

2. 水池

（1）水池的分类。给水工程中的水池按结构材料可分为钢结构水池、钢筋混凝土水池和砌体结构水池，最常用的是钢筋混凝土水池；按平面形状可分为圆形水池、矩形水池等；按顶盖情况可分为敞口水池、有盖水池；按平面组合形式可分为单室池、多室池；按与地面

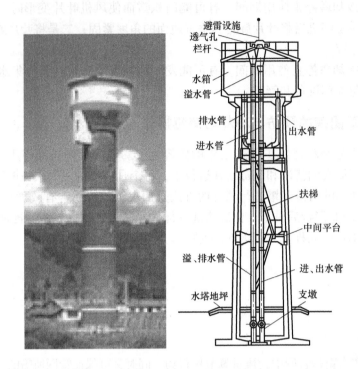

图 3-28　水塔的构造

相对关系可分为地上水池、地下水池和半地下水池；按照使用功能不同可分为消防水池、饮用水池、循环水池等；按施工方法可分为整体浇筑式和预制装配式。

池壁是水池的重要组成部分，平面形式多为圆形或矩形。水池的底板有整体式和分离式两种。整体式底板即底板是完整的一块板，底板也就相当于水池的基础；分离式底板其底板与池壁基础分开，底板支承于池壁基础上。平面较大的水池，为减少顶板的厚度和节省材料，可在池中设置支柱，甚至形成柱网。进行水池结构设计时，除在各种荷载组合情况下满足强度、抗裂度或裂缝宽度要求外，还应根据其工作条件，分别满足稳定性、抗渗性、抗冻性等要求。

（2）水池的结构。常用的水池有钢筋混凝土水池、预应力钢筋混凝土水池和砖石水池等，其中以钢筋混凝土水池使用最广，一般做成圆形或矩形，如图 3-29 所示。

水池应有单独的进水管和出水管，安装位置应保证池内水流的循环。此外，水池应有溢水管，管径和进水管相同，管端有喇叭口，管上不设阀门。水池的排水管接到集水坑内，管径一般按 2h 内将池水放空计算。容积在 $1000m^3$ 以上的水池，至少应设两个检修孔。为使池内自然通风，应设若干通风孔，高出水池覆土面 0.7m 以上。池顶覆土厚度视当地平均室外气温而定，一般为 0.5～1.0m，气温低则覆土层应厚些。当地下水位较高、水池埋深较大时，覆土厚度需按抗浮要求决定。为便于观测池内水位，可设置浮标水位尺或水位传示仪。

二、储水箱与膨胀水箱

1. 储水箱

储水箱是室内给水系统储存、调节和稳定水压的设备，一般安装在楼顶，如图 3-30 所

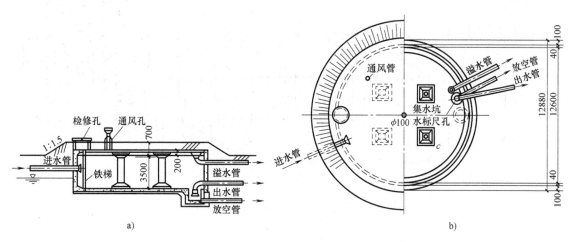

图 3-29　圆形钢筋混凝土水池

a）剖面图　b）平面图

示。水箱一般有圆形和矩形两种，过去一般用钢筋混凝土或钢板制造。钢筋混凝土适合制作大型水箱，可以节省钢材，又很耐用，但壁厚，重量大；钢板适合制作小型水箱，壁薄而且重量小，但容易锈蚀，使用年限比钢筋混凝土水箱短。近年来出现了不锈钢水箱和混凝土内贴不锈钢板水箱，如图 3-31 和图 3-32 所示。其中，不锈钢水箱的结构如图 3-33 所示，不锈钢水箱解决了钢制水箱的锈蚀问题。

图 3-30　水箱的设置

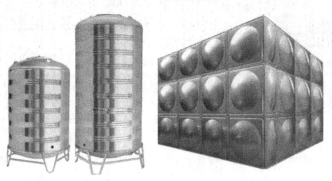

图 3-31　不锈钢水箱

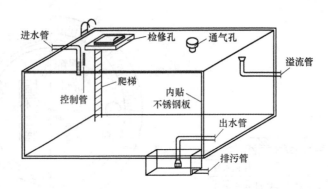

图 3-32 混凝土内贴不锈钢板水箱的结构

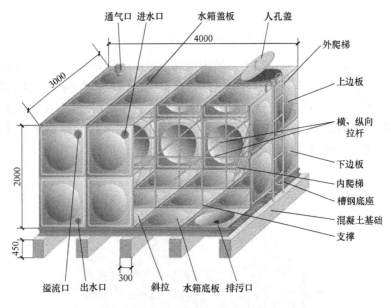

图 3-33 不锈钢水箱的结构

（1）水箱配管及附件。水箱上通常要设置下列配管及附件，如图 3-34 所示。

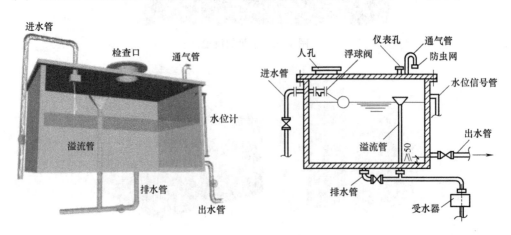

图 3-34 水箱配管及附件

1）进水管。进水管一般从水箱侧壁接入。当水箱利用管网压力进水时，其进水管上应装设不少于两个浮球阀或液压水位控制阀，浮球阀的直径与进水管的直径相同。为了检修的需要，在每个浮球阀前应设置阀门。进水管距水箱上缘应有 200mm 的距离，以便安装浮球阀和液压水位控制阀。进水管的管径按给水管网的设计流量或水泵的供水量确定，由水泵直接供水时，进水管管径与水泵压水管管径相同。

2）出水管。出水管一般从水箱底部或侧壁接出。出水管口最低位置应高出水箱内底部不小于 50 mm，以防箱内污物进入配水系统。出水管可以单设，也可以和进水管共接在一条管道上。进、出水管共用一条管道时，在出水短管上应设止回阀和阀门，以防水流由底部进入水箱。进、出水管分设时，应在出水管上设阀门，如图 3-35 所示。出水管管径按设计流量计算确定，一般与进水管管径相同。

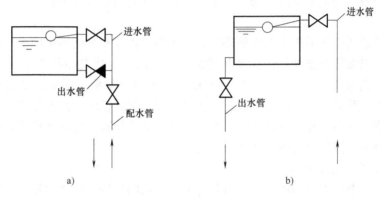

图 3-35　水箱进、出水管的连接
a）进、出水管联合设置　b）进、出水管分别设置

3）溢流管。溢流管一般从水箱侧壁接出，用来控制水箱的最高水位。溢流管口应高于设计最高水位 20mm，其管径比进水管大 1～2 号，但在水箱底下或排水管与溢流管相连接处以下的管段，可与进水管管径相同。溢流管上不允许装设阀门。为了保护水箱中的水质不被污染，溢流管不得与排水系统直接相连，必须连接时，需设空气隔断和水封装置。水箱装置在平屋顶上时，溢水可直接流在屋面上。

4）排水管（又称泄水管）。为了放空水箱的污水和冲洗水箱，在水箱的底部最低处设置排水管，管口由水箱底部接出，连接在溢流管上，管上需设置阀门，管径一般为 40～50mm。

5）水位信号管。水位信号管比溢流管低 10mm，以保证水位低于溢水口。信号管接至有值班人员房间的污水盆内，以便随时观察，其管径以 15～20mm 为宜。当采用电子报警装置时，可不设此管。

6）托盘泄水管。有的水箱设置托盘泄水管用以收集水箱外壁的凝结水。泄水管接在溢流管上，管径为 32～40mm。在托盘上管口要设栅网，泄水管上不得设置阀门。

（2）水箱的有效容积及安装。水箱的有效容积一般应根据用水量和流入量的变化曲线确定，但此曲线在实践中往往不易得到。因此，水箱的有效容积大多是由近似计算公式确定的。

给水系统中单设水箱不设水泵时，水箱的有效容积可按下式计算

$$V = Qt \qquad (3\text{-}4)$$

式中　V——水箱的有效容积（m^3）；

　　　Q——水箱供水的最大连续平均小时用水量（m^3/h）；

　　　t——水箱供水的最大连续出水小时数（h）。

对生活给水做概略估算，当系统中设置自动开关水泵时，水箱的有效容积不得小于日用水量的5%；设置人工开关水泵时，水箱的有效容积不得小于日用水量的12%。

水箱通常直接设置在承重梁上。钢板水箱外壁有可能结露时，可在水箱下面设置有排水管的托盘。钢板水箱的内外壁应涂防锈漆进行防锈处理，水箱托盘外包的镀锌钢板也应涂两层防锈漆。

水箱的安装高度与建筑物高度、配水管道长度、管径及设计流量有关。水箱的安装高度应满足建筑物内最不利配水点所需的流出水头，并经管道的水力计算确定。

2. 膨胀水箱

膨胀水箱是暖通空调系统中的重要部件，其作用是收容和补偿系统中水的胀缩量，也用作系统供水。一般都将膨胀水箱设在系统的最高点，通常都接在循环水泵（空调冷冻水循环水泵）吸水口附近的回水干管上。膨胀水箱广泛应用于空调、锅炉、热水器、变频、恒压供水等设备中，其能缓冲系统压力波动，消除水锤，起到稳压卸荷的作用。当系统内水压轻微变化时，膨胀水箱气囊的自动膨胀收缩会对水压的变化有一定缓冲作用，能保证系统的水压稳定，水泵不会因压力的改变而频繁开启。

（1）膨胀水箱配管及附件。

膨胀水箱是一个钢板焊制的容器，有各种大小不同的规格。膨胀水箱按结构可分为方形和圆形，按补水方式可分为水位电信号控制水泵补水和浮球阀自动补水两种方式。如图3-36所示，膨胀水箱由箱体、膨胀管、溢流管、循环管、补水管及补水装置（或水位装置）、玻璃管液位计和人梯等组成。

1）膨胀管：将系统中因水加热膨胀所增加的体积转入膨胀水箱（和回水干管相连接）。

2）溢流管：用于排出水箱内超过规定水位的多余的水。

3）液位计：用于查看水箱内的水位。

4）循环管：在水箱和膨胀管可能发生冻结时，用来使水循环（在水箱的底部中央位置，和回水干管相连接）。

5）排水管：用于排污和排空水箱内的水。

6）补水阀：与箱体内的浮球相连，水位低于设定值时，则开通阀门补充水。

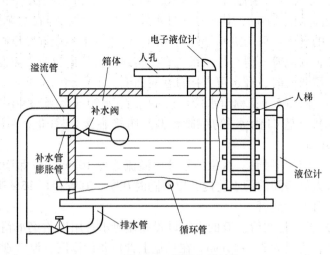

图 3-36　膨胀水箱结构

（2）膨胀水箱的安装要点。膨胀水箱的安装位置应考虑防止水箱内水的冻结问题。当水箱安装在非供暖房间内时，应考虑保温。

膨胀水箱必须设于水系统最高点之上。膨胀管在重力循环系统中接在供水总立管的顶端，在机械循环系统中接至系统定压点，一般接至水泵吸入口前；循环管在机械循环系统接至系统定压点前的水平回水干管上，该点与定压点之间应保持 1.5～3m 的距离。这样可让少量热水能缓慢地通过循环管和膨胀管流出水箱，以防水箱里的水冻结。在重力循环中，循环管也接到供水干管上，也应与膨胀管保持一定的距离。为安全起见，膨胀管、溢流管和循环管上严禁安装阀门，而排水管和信号管上应设置阀门。设在非供暖房间内的膨胀管、循环管、信号管均应保温。一般开式膨胀水箱内的水温不应超过95℃。

三、气压给水设备

气压给水设备是给水系统中的一种利用密闭储罐内空气的可压缩性进行贮存、调节和送水的装置，如图 3-37 所示，其作用与屋顶水箱相同。

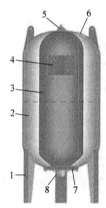

图 3-37　气压给水设备
1—立柱　2—罐体　3—气囊　4—水泵安装处　5—顶托配件　6—充气口
7—法兰盘　8—系统连接处

1. 气压给水设备的特点

由于供水压力是借助罐内压缩空气来维持的，因此气压水罐的位置不受安装高度和安装位置的限制，可设置在任何高度。气压给水装置的优点是灵活性大，制造简单，污染较轻，不妨碍美观，有利于抗震和消除管道中的水锤与噪声；缺点是压力变化大，效率低，运行复杂，须常充气，耗电多，供水的稳定性不如屋顶水箱可靠。

2. 气压给水设备的基本结构与工作原理

气压给水设备分为变压式和定压式两种。变压式就是罐内压缩空气压力随着用水量的变化而变化，管网压力随之波动；定压式是罐内压缩空气靠自动启闭空气压缩机和自动调压阀保持恒定，使管网在恒压下工作。

变压式气压给水设备较为常用，其设备由密封罐、水泵、空气压缩机和控制元件组成。密封罐内部充满空气和水；水泵将水送到罐内及管网；空气压缩机给水加压及补充空气漏损；控制元件（由压力继电器、水位继电器等组成）用以起动水泵或空气压缩机。

图 3-38 所示为单罐变压式气压给水设备，其工作原理是：罐内压缩空气的起始压力高于管网内设计压力，水在压缩空气的压力下被送到管网。随着罐内储水量逐渐减少，压缩空气体积逐渐增大，压力逐渐减小，当减小至规定下限值（即水位降至设计最低水位）时，压力继电器接通电路，水泵起动，将水压入罐内，当罐内压力达到规定上限值（水位上升至设计最高水位）时，压力继电器切断电路，水泵停止工作，如此循环。

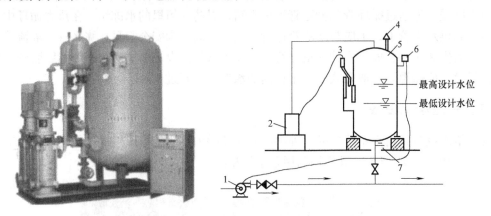

图 3-38　单罐变压式气压给水设备
1—水泵　2—空气压缩机　3—水位继电器　4—安全阀　5—气压水罐　6—压力继电器　7—泄水龙头

【典型实例】

【实例1】 水池、水箱的维修养护

水池、水箱的维修养护每半年进行一次，若遇特殊情况可增加清洗次数，清洗时的程序如下：

（1）首先关闭进水总阀，关闭水箱之间的连通阀门，开启泄水阀，抽空水池、水箱中的水。

（2）泄水阀处于开启位置时，用鼓风机向水池、水箱吹 2h 以上，排除水池、水箱中的有毒气体，吹进新鲜空气。

（3）用燃着的蜡烛放入池底不会熄灭，以确定空气是否充足。

（4）打开水池、水箱内的照明设施或设临时照明。

（5）清洗人员进入水池、水箱后，对池壁、池底洗刷不少于三遍，并对管道、阀门、浮球按维修养护要求进行检修保养。

（6）清洗完毕后，排除污水，然后喷洒消毒药水。

（7）关闭泄水阀，注入清水。

【实例2】 气压给水设备的补气

气压给水设备在运行过程中，由于空气与水接触，部分空气溶解于水中被带走或损漏等原因，罐内空气会逐渐减少，使罐内的调节水量逐渐减小，水泵启闭渐趋频繁，故必须定期地由空气压缩机补充空气。对于小型气压给水系统，也可利用水泵压水管积存空气补气，如

图 3-39 所示；或定期将罐内存水放空进行补气，以及采用水射器补气。随着气压给水设备定型产品的不断改进，补气方式也在不断创新。

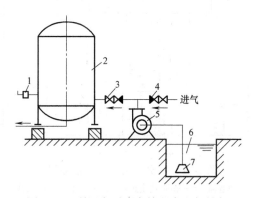

图 3-39 利用水泵压水管积存空气补气

1—浮球杠杆泄气阀 2—气压水罐 3—阀门 4—进气止回阀 5—水泵 6—集水池 7—底阀

课题四 空调用水设备

【相关知识】

一、喷水室与表面式换热器

喷水室与表面式换热器是集中式空调系统的主要用水设备，如图 3-40 和图 3-41 所示。通过该设备可实现冷（热）水与空气的换热。

1. 喷水室

喷水室又称喷淋室、淋水室、喷雾室等，是一种直接接触式多功能的空气调节设备，可对空气进行加热、冷却、加湿、减湿等多种处理。喷水室的主要优点是能够实现多种空气处理过程，冬、夏季工况可以共用，具有一定的净化空气能力，金属耗量小且容易加工制作；缺点是对水质条件要求高，占地面积大，水系统复杂，耗电较多。因此，一般民用建筑中已经很少使用或仅仅将其作为加湿设备使用。

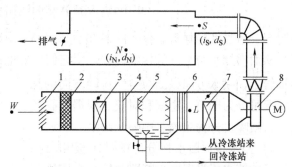

图 3-40 直流式集中式空调系统流程图

1—百叶栅 2—粗过滤器 3—一次加热器 4—前挡水板
5—喷水排管及喷嘴 6—后挡水板
7—二次加热器 8—风机

（1）喷水室的结构和工作过程。喷水室主要由喷嘴、挡水板、外壳和排管、底池及其附属设施等构成。图 3-42 所示是实际工作中应用较多的低速单级卧式喷水室的结构示意图。空调工程中选用的喷水室除单级卧式外，还有双级立式喷水室，也有高速喷水室。

1）喷嘴。喷嘴是喷水室的主要构件之一，一般采用黄铜、不锈钢、尼龙、塑料和陶瓷

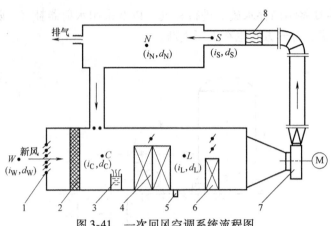

图 3-41　一次回风空调系统流程图

1—新风口　2—过滤器　3—电极加湿器　4—表面式换热器　5—排水口　6—二次加热器　7—风机　8—精加热器

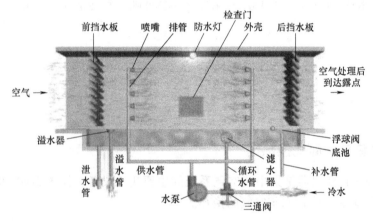

图 3-42　低速单级卧式喷水室的结构示意图

等耐磨、耐蚀性的材料制作。图 3-43 所示为 Y—1 型离心喷嘴的构造。它可以将水喷射成雾状，从而增加水与空气的接触面积，使它们更好地进行热湿交换。喷水室的喷嘴安装在专门的排管上，喷水方向根据与空气流动方向的相对状况可分为顺喷、逆喷和对喷。根据喷孔的大小，喷嘴可分为粗喷、中喷及细喷。

2）挡水板。挡水板分为前挡水板和后挡水板，前挡水板设置在喷嘴前，防止水滴溅到喷水室之外，并能使进入喷水室的空气均匀分布；后挡水板设置在喷水室出口前，其作用是分离空气中夹带的水滴，阻止混合在空气中较大的水滴进入管道和空调房间。

当气流在两片挡水板间做曲折前进时，其所夹带的水滴因惯性来不及迅速转弯，与挡水板表面碰撞而附流下来，并集聚在挡水板面上

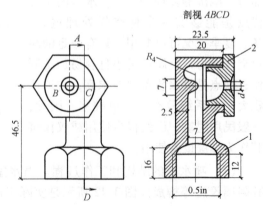

图 3-43　Y—1 型离心喷嘴的构造

1—喷嘴主体　2—顶盖

流入底池，起到了气水分离和阻止水滴通过的作用。

3）外壳和排管。喷水室的外壳一般用厚 2~3mm 的钢板加工而成，也可用砖砌或用混凝土浇制，但要注意防水。喷水室的横断面一般为矩形，断面的大小根据通过的风量及推荐流速（2~3m/s）确定，而其长度则应根据喷嘴排管的数量、排管间距及排管与前后挡水板的距离确定。喷水室外壳不论采用何种形式，其共同特点是具有良好的防水和保温措施，并能支撑和保护其他部件。近年来，也有采用玻璃钢体内嵌保温材料一次成形的喷水室。

喷嘴排管的作用是布置喷嘴，通常设置 1~3 排，最多 4 排。它与供水干管的连接方式有下分、上分、中分和环式 4 种，如图 3-44 所示。不论采用哪种连接方式，都要在水管的最低点设泄水口，以防止冻裂水管。

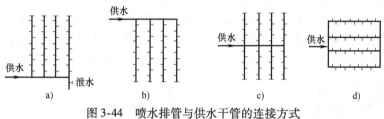

图 3-44　喷水排管与供水干管的连接方式
a）下分式　b）上分式　c）中分式　d）环式

为了使喷出的水滴能均匀地布满整个喷水室断面，一般将喷嘴布置成梅花形，如图 3-45 所示。使用 Y—1 型喷嘴的喷水室，其喷嘴的密度通常选 13~24 个/（m² · 排）比较合适，并且应当布置成"上密下疏"形式，使水滴在喷水室中均匀分布。

为了便于检修、清洁和测量，喷水室外壳还设有观测孔，两排喷嘴之间设有一个 400mm×600mm 的密封检修门，并装有防水灯。

4）底池及其附属设施。底池用来收集喷淋水，池中的滤水器、供水管、补水管、溢水管、循环水管、三通阀等组成循环水系统。通常底池容量按能容纳 2~3min 的总喷水量确定，池深为 500~600mm。溢水器按周边溢水量为 30000kg/（m² · h）设计，滤水网的大小按表 3-4 选用。补水管按总喷水量为 2%~4% 设计。

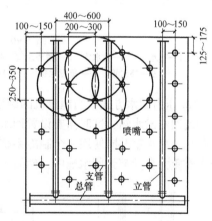

图 3-45　喷嘴的布置形式

表 3-4　滤水网选用参考数据

喷嘴孔径/mm	网孔尺寸/（mm×mm）	滤水能力/[kg/（m² · h）]	滤水阻力/kPa
2.0~2.5	0.5×0.5	10×10³	0.98
2.5~3.5	0.9×0.9	12~15×10³	0.98
4.0~5.5	1.25×1.25	15~30×10³	0.98

其他附属设施有水泵、滤水器、溢水器、浮球阀等。

喷水室处理空气的基本工作过程是：当被处理的空气以一定的速度（一般为 2~3m/s）经过前挡水板进入喷水空间时，借助喷嘴喷出的高密度小水滴，与空气直接接触进行热湿交换。根据所喷水温的不同，与空气进行热湿交换的过程也不同，可以使空气状态发生相应变化，达到所需的处理效果。交换过的空气经过后挡水板流走，从喷嘴喷出的水滴完成与空气的热湿交换后落入底池中，再由循环水系统循环使用。

（2）喷水室的水系统与管路连接。

1）喷水室的水系统。喷水室的水系统包括天然冷源水系统和人工冷源水系统。天然冷源一般是指深井水、山洞水等，这样的水可用水泵抽取供喷水室使用，然后排放掉。采用深井水做冷源时，为了防止地面下沉，需要采用深井回灌技术。人工冷源系统就是利用制冷设备制取的冷冻水处理空气的水系统。目前喷水室的水系统用得较多的形式是自流回水式和压力回水式水系统。

① 自流回水方式：当制冷机的蒸发水箱比喷水室的底池低时，喷淋后的回水可以靠重力自动流回蒸发水箱，被蒸发器冷却后再用泵供给喷水室使用。图 3-46 所示为两种自流回水方式，其中图 3-46a 所示的回水是靠重力直接流回蒸发水箱，图 3-46b 所示的回水是先自流回一个回水箱，然后用泵把该回水箱中的回水送入壳管式蒸发器中，冷却后再返回冷水箱。这时制冷系统蒸发器的位置可以在喷水室的底池之上，也可以在喷水室的底池之下。

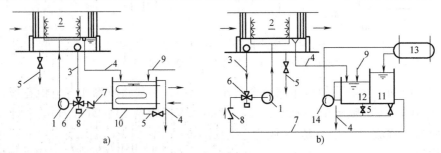

图 3-46　自流回水式喷水室的水系统

1—喷水泵　2—喷水室　3—循环水管　4—溢水管　5—泄水管　6—三通阀　7—冷水管　8—止回阀

9—补水管　10—蒸发水箱　11—冷水箱　12—回水箱　13—壳管式蒸发器　14—冷冻水泵

② 压力回水方式：当制冷机的蒸发水箱高于喷水室的底池时，喷淋后的回水无法靠重力自动流回蒸发水箱，这时需要设置回水泵把喷淋后的回水抽回蒸发水箱，如图 3-47a 所示。如果有几个喷水室共同使用一个制冷系统，可以设置一个低位的回水池，使各个喷水室喷淋后的回水靠重力自动流到回水池中，然后再用泵把回水抽回蒸发水箱，如图 3-47b 所示。

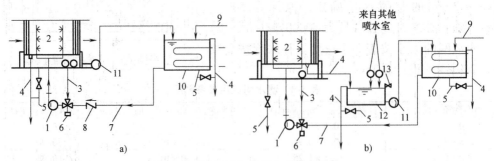

图 3-47　压力回水式喷水室的水系统

1—喷水泵　2—喷水室　3—循环水管　4—溢水管　5—泄水管　6—三通阀　7—冷水管

8—止回阀　9—补水管　10—蒸发水箱　11—回水泵　12—集水箱　13—浮球阀

喷水室的喷水泵一般只设置一台，但由于冬季绝热加湿空气时，喷水量比较少，为了节省运行费用，也可另外设一台小水泵供冬季使用。

喷水温度的调节最好采用电动三通阀。此外，还应考虑到检修或更换电动三通阀时，用手动调节的情况。水系统中止回阀的作用是防止在停机时高位水箱的水向低位水箱自流并从溢水管流入下水道，避免造成冷量的损失。

2）喷水室的管路连接。在喷水器的底池中有多种管道相连，形成喷水室的管路系统。

① 供水管。供水管将喷水泵喷出的水送到喷嘴向喷水室喷出。

② 循环水管。循环水管的作用是将底池中的水通过过滤后循环使用，如冬季对空气进行绝热加湿，夏季可用来改变喷水温度。底池通过滤水器与循环水管相连，使落到底池的水能重复使用。滤水器的作用是能除去水中的杂物，以免堵塞喷嘴。

③ 溢流水管。它与溢水器相连，用于排出夏季空气中冷凝出来的多余的凝结水和收集由于其他原因带给底池中的回水，使底池中的水面维持在一定的高度。此外，溢水器的喇叭口上有水封罩，可将喷水室内外空气隔绝。

④ 补水管。空调系统冬季进行绝热加湿时，要用喷水室底池中的水进行循环喷淋，在对空气进行加湿处理的过程中，水分不断地蒸发到空气中，底池的水面将会降低。为了维持底池中水面的高度不低于溢水器，需要通过补水管向底池补水来实现水位的稳定。喷水室底池补水由浮球阀门自动控制。

⑤ 泄水管。空调系统在检修、清洗、防冻时，通过底池底部的泄水管可以把底池中的水排入下水道。

（3）喷水室运行中的常见故障及处理。

1）喷水泵故障。喷水泵压不出水，压力表的指针剧烈跳动。

产生此种现象的原因可能是：泵体内空气没有排出，因而在水泵运行时由于泵体内空气的存在而使水无法通过泵体压出；水泵吸水管路或仪表安装部位漏气，由于水泵在运行中，吸水管路处于负压区段，如果有漏气现象存在，水和空气将一并进入泵体而使压出管路断续有水通过，造成水泵出口压力表指针剧烈跳动；底阀漏水、水泵吸入口处滤网堵塞或吸水管路阻力太大；吸水高度太高使水无法吸入等都会造成水泵无水压出。

处理方法：找出管路或仪表安装部位漏气的位置，拧紧或更换部件。

2）压力表有指示而水泵压不出水。

其原因可能是：水泵压出管堵塞、出水管上的阀门未打开、水泵旋转方向不对、水泵叶轮由于水质原因而造成淤塞或水泵转速过低等。

处理方法：检查出水管路阀门并使之真正打开，检查水泵转向、转速并纠正其转向和提高转速，清洗水泵叶轮。

3）水泵流量太小。

原因可能是水泵淤塞，密封环磨损过多，电动机转速过低等。

处理方法：清洗管道和水泵，更换密封环，更换转速合适的电动机。

4）水泵消耗功率过大。

可能原因是水泵填料压盖压得太紧，叶轮磨损，水泵供水量增加。

处理方法：松一下水泵填料压盖或将填料适当取出一些；更换水泵叶轮；将水泵出口阀门关小一些，以减少出水量。

5）水泵内部声音反常，泵不出水。

原因可能是出水量太大，吸水管有堵塞现象或有漏气现象。

处理方法：将水泵出口阀门稍微关小一点，以减少水泵出水量；清洗吸水管路堵塞部位。

6）水泵的振动过大。

原因可能是水泵轴与电动机轴不同心。

处理方法：将电动机与水泵找正找平。

7）水泵轴承过热。

原因可能是轴承处缺少润滑油，泵轴与电动机轴不同轴。

处理方法：对轴承加润滑油，将电动机与泵找同轴或清洗、更换轴承。

8）喷水的雾化效果较差。喷水的雾化效果较差，原因可能是喷嘴堵塞。由于喷嘴堵塞，喷水雾化效果差，喷水系数下降，空气与水的热湿交换效率显著降低，进而造成空气处理后的机器露点温度升高，很难保证空调房间内的温度及湿度。

2. 表面式换热器

表面式换热器是使用最广泛的热湿交换装置，其构造简单、占地少、水系统阻力小。

（1）表面式换热器的类型和结构。

1）表面式换热器的分类。表面式换热器的使用功能和场合的不同，其分类也不同。按表面式换热器的工作目的可分为空气加热器和表面冷却器两类。

① 空气加热器。在组合式空调机组和柜式风机盘管中，用于对空气进行加热处理的表面式换热器称为空气加热器。空气加热器中需通入热水或蒸汽作为热媒，利用热水或蒸汽流经空气加热器对较冷的空气加热以提高室内温度。

② 表面冷却器。在组合式空调机组和柜式风机盘管中，用于空气冷却除湿处理的表面式换热器称为空气冷却器或表面冷却器，简称表冷器。表面冷却器中需通入冷水（或乙二醇）或制冷剂作为冷媒对空气进行冷却，以降低室内温度。

空调系统就是利用从冷水机组供应的冷水流经冷却器来起冷却空气或冷却并除湿的作用的。

表面式换热器按传热面的结构形式可分为板式和管式两类。

① 板式：又可细分为板翅式、螺旋板式、板壳式、波纹板式等，如图 3-48 所示。

② 管式：又可细分为列管式、套管式、蛇形管式和翅片管式，如图 3-49 所示。目前最常用的是翅片管式表面式换热器。

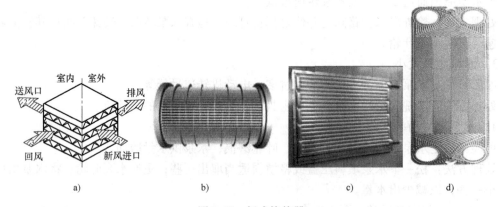

图 3-48 板式换热器

a）板翅式 b）螺旋板式 c）板壳式 d）波纹板式

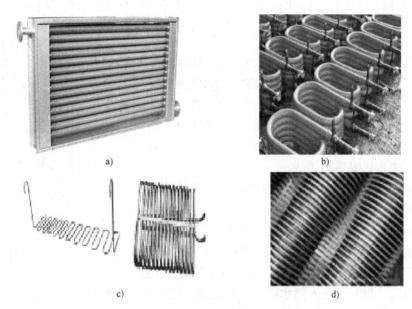

图 3-49　管式换热器

a）列管式　b）套管式　c）蛇形管式　d）翅片管式

2）表面式换热器的结构。空调工程中使用的表面式换热器主要是各种金属管与肋片的组合体，借助管内流动的冷、热媒介质经金属分隔面与空气间接进行热湿交换。空气侧的表面传热系数一般远小于管内的冷却介质或加热介质的表面传热系数，故通常采用肋片管来增大空气侧的传热面积，以增强表面式换热器的换热效果，降低金属消耗量和减小换热器的尺寸。在不同的换热工程中，根据换热介质的不同和设计要求不同，需采用相应材质的换热管，主要有铜管、钢管和铝管等。空调系统中普遍采用铜管做换热管，并在换热管外壁面上安装肋片或翅片以增加换热面积。传统的肋片与铜管的组合形式有绕片、串片、轧片、内拉螺旋槽等，如图 3-50 所示。

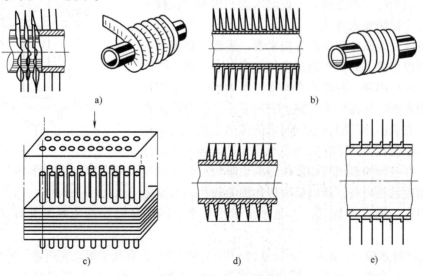

图 3-50　换热管与各种肋片的组合

a）皱褶绕片　b）光滑绕片　c）串片　d）轧片　e）二次翻边片

（2）表面式换热器的布置与安装。

1）空气加热器的布置与安装。空气加热器可以垂直安装也可以水平安装。用蒸汽作热媒的空气加热器水平安装时，为了排除凝结水，应当考虑有 1% 的坡度。当被处理的空气量较大时，可以采用并联组合安装方式；当被处理的空气要求温升较大时，宜采用串联组合安装方式；当空气量较大、温升要求较高时，可采用并、串联组合安装方式，如图 3-51 所示。

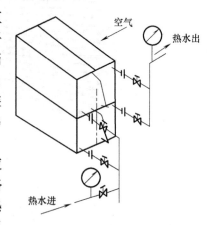

图 3-51　空气加热器的安装

热媒管路的连接方式也有并联与串联之分。对于使用蒸汽做热媒的空气加热器，因为进口余压一定，管路与各台空气加热器之间只能并联。热水管路与空气加热器可以并联也可以串联。并联时水通过空气加热器的阻力小，有利于减小水泵的能量消耗；串联时水通过空气加热器的阻力大，提高了进入热水器的热水流速，传热系数和水力稳定性也有所提高。

在空气加热器的蒸汽管入口处应安装压力表和调节阀，在凝结水管路上应安装疏水器。疏水器前后须安装截止阀，疏水器后安装检查管。空气加热器的供回水管路上应安装调节阀和温度计。在空气加热器管路的最高点应安装放气阀，而在最低点应设泄水和排污阀门。

2）水冷式表面冷却器的布置与安装。水冷式表面冷却器可以水平安装，也可以垂直或倾斜安装。垂直安装时务必要使肋片保持垂直，这是因为空气中的水分在表面冷却器的外表面凝结时，会增大管外空气侧阻力，减小传热系数，垂直肋片有利于水滴及时滴下，保证表面冷却器良好的工作状态。

因为表面冷却器的外表面有凝结水，为了接纳凝结水并及时将凝结水排走，所以在表面冷却器的下部应安装滴水盘和排水管，如图 3-52 所示。当两个表面冷却器叠放时，在两个表面冷却器之间应装设滴水盘和排水管，排水管应设水封，以防吸入空气。

从空气流过表面冷却器的方向来看，表面冷却器既可以并联也可以串联。通常当通过空气量多时宜并联；要求空气温降大时应串联。并联的表面冷却器供水管路也应并联，串联的表面冷却器供水管路也应串联。并联时冷冻水同时进入所有表面冷却器，空气与水的传热温差大，水流阻力小，但水流较大；串联时冷冻水顺次进入各个表面冷却器，因为在前面的表面冷却器内冷冻水吸收了管外空气的热量，温度已经升高，所以后面传热温差较小，水流阻力较大，但水力稳定性较好，不至于由于冷冻水管网的流动状态发生变化而出现较大的失调。

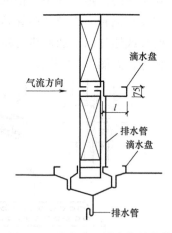

图 3-52　滴水盘和排水管的安装

空气与冷冻水应逆向流动，因为逆流平均传热温差大，有利于提高换热量，减小表面冷却器的面积。表面冷却器的管内水流速度宜为 $0.6 \sim 1.8 \mathrm{m/s}$，迎面空气质量流速一般为 $2.5 \sim 3.5 \mathrm{kg/(m^2 \cdot s)}$。当质量流速大于 $3 \mathrm{kg/(m^2 \cdot s)}$ 时，在表面冷却器后宜设挡水板。表面冷却器的冷水入口温度应比空气的出口干球温度至少低3.5℃，冷水温度宜为2.5～6.5℃。

　　冷热两用的表面式换热器，热媒宜采用热水，且热水温度不应太高，一般应低于65℃，以免因管内积垢过多而降低传热系数。

　　同空气加热器水系统一样，表面冷却器水系统的最高点也应设排气阀，最低点应设泄水和排污装置，冷水管上应安装温度计、调节阀。

　　（3）表面冷却器的调节。在空调系统中，常常使用水冷式表面冷却器或直接蒸发式表面冷却器处理空气。

　　水冷式表面冷却器可采用二通阀或三通阀进行调节。用二通阀调节水量时（冷水温度不变），由于水管流量发生变化，会影响同一水系统中其他冷水盘管的正常工作，这时供水管路上应当设置恒压或恒压差的控制装置，以防止相互之间的干扰。设置三通阀的场合，常采用下面两种调节方式。

　　1）冷媒水进水温度不变，调节进水流量，这种调节方式如图3-53所示，由室内敏感元件T通过调节器调节三通阀，改变进入盘管的流量。在冷负荷减少时，冷媒水流量的减少将引起盘管进、出口水温差的相应变化。

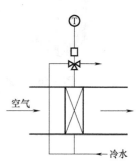

图3-53　冷媒水进水温度
不变而调节进水流量

　　2）冷媒水流量不变，调节进水温度。这种调节方式如图3-54所示，由室内敏感元件T通过调节器调节三通阀，改变进入盘管的冷媒水和回水的混合比例，以改变进水温度。由于出口装有水泵，可使冷却盘管的水流量保持不变。这种方法调节性能较好，适用于温度控制要求较高的场合。但由于每台盘管要设置一台泵，盘管数量较多时不太经济。

　　直接蒸发式表面冷却器的自动控制如图3-55所示。它一方面由室内敏感元件T通过调节器使电磁阀做双位调节，调节制冷剂的流量；另一方面由膨胀阀自动地保持蒸发盘管出口制冷剂的吸气温度一定。

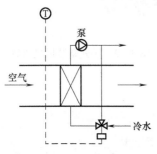

图3-54　冷媒水流量不变
而调节进水温度

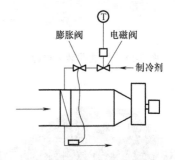

图3-55　直接蒸发式表面
冷却器的自动控制

　　对于小容量的空调系统（空调机组），也可以通过控制压缩机的停或开进行调节，而不是通过控制制冷剂的流量来调节。

二、风机盘管

　　目前，风机盘管的类型有很多，型号标注的内容也不尽相同。从结构形式来看，风机盘管有立式（图 3-56、图 3-57）、卧式（图 3-58、图 3-59）、嵌入式（图 3-60）和壁挂式（图 3-61）等；从外表形状来看，风机盘管可分为明装（图 3-56、图 3-58、图 3-60）和暗装（图 3-57、图 3-59）两大类。随着技术的进步和人们对空调要求的提高，风机盘管的形式仍在不断发展，功能也在不断丰富，如兼有净化与消毒功能的风机盘管，自身能产生负离子的风机盘管等。

图 3-56　立式明装风机盘管

图 3-57　立式暗装风机盘管

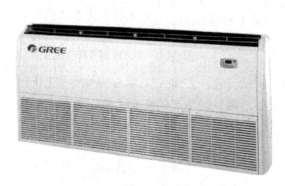

图 3-58　卧式明装风机盘管

图 3-59　卧式暗装风机盘管

图 3-60　嵌入式风机盘管

图 3-61　壁挂式风机盘管

风机盘管是风机盘管空调机组的简称。普通风机盘管的结构如图 3-62 所示，由风机、换热器（又称表面冷却器或盘管）、凝水盘和壳体组成。风机为双进风离心式通风机，电机为低噪声三速空调电动机。换热器采用铜管铝片且采用胀管工艺，管片结合紧密，一侧设有进、出水管接头，两端均留有凝水出管接头，凝水盘外表带有保温层。壳体采用镀锌铁皮制成，靠风机端有回风箱，回风箱口有朝下、朝后两种，靠盘管端有出风短接，壳体四角端留有吊装用圆孔。风机盘管内部的电动机多为单相电容调速电动机，可以通过调节电动机输入电压使风量分为高、中、低三档，因而可以相应地调节风机盘管的供冷（热）量。

机组的换热器（盘管或表面冷却器）由集中冷源或热源供给冷热水，室内空气由回风箱吸入壳内，经换热器冷却或加热后再由出风口送到室内，室内空气经机组不断循环，使室内温度得到调节。机组若与水路调节装置及温度控制装置配合使用，可实现室内温度自动调节。

机组的进、出水管要设置阀门，进水管要有过滤器。为防止金属水管热胀冷缩造成应力集中，进、出水管要求设置软连接且要保温，防止出现凝水现象。凝水盘凝水出管接头要靠近卫生间或集中总凝水管，也可采用软连接接至卫生间或冷凝水总管上。机组要根据房间装饰情况设有回风口、送风口。具体组合方式如图 3-63 ~ 图 3-67 所示。

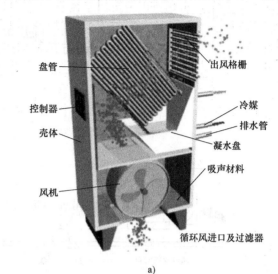

盘管
控制器
壳体
风机
出风格栅
冷媒
排水管
凝水盘
吸声材料
循环风进口及过滤器

a)

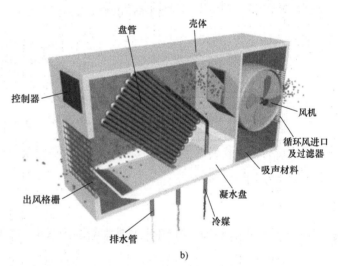

盘管
壳体
控制器
出风格栅
排水管
冷媒
凝水盘
吸声材料
循环风进口及过滤器
风机

b)

图 3-62　风机盘管机组结构示意图
a）立式风机盘管　b）卧式风机盘管

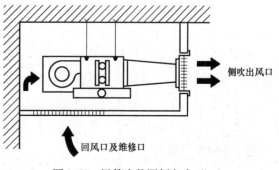

侧吹出风口
回风口及维修口

图 3-63　风管安装图例方式（一）

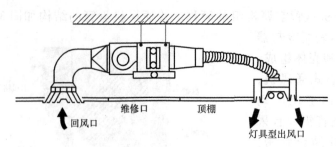

图 3-64　风管安装图例方式（二）

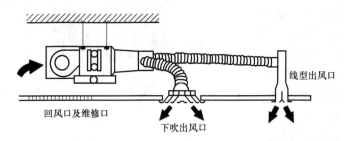

图 3-65　风管安装图例方式（三）

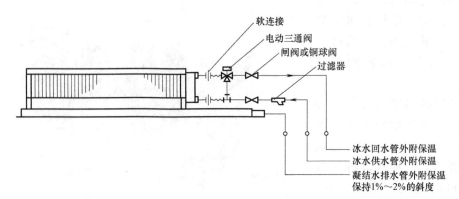

图 3-66　风机盘管标准配管示意图（一）

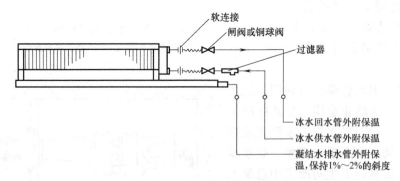

图 3-67　风机盘管标准配管示意图（二）

三、换热设备

换热器为大型空调供暖系统热力站的主要设备，其作用是将一次热网高温水或蒸汽的热量交换给二次热网的低温水；换热器具有换热效率高、污染少的特点，所以被广泛应用。常用的换热器有板式换热器、容积式换热器、壳管式换热器、管式换热器、螺旋槽管式换热器和浮动盘管式换热器。

1. 板式换热器

板式换热器是发展中的新型高效换热设备之一，结构上以特殊的波纹金属板为换热板片，使换热流体在板间流动时能够不断改变流动方向和速度，形成激烈的湍流，以达到强化传热的效果。传热板片采用厚度为 0.6~1.2mm 的薄板，大大提高了其换热能力。板式换热器的一般总传热系数为 2500~5000W/(m^2·℃)，最高达 7000 W/(m^2·℃)，比壳管式换热器高 3~5 倍。

换热板片之间（周边或某些特殊部位）用垫片密封，形成水流通道，如图 3-68 所示。垫片用优质合成橡胶制成，耐一定高温且有弹性。由于传热板片紧密排列，板间距较小，而板片表面经冲压成形的波纹又大大增加了有效换热面积，所以单位容积中所容纳的换热面积很大，占地面积比同样换热面积的壳管式换热器小得多。同时，其相对金属消耗少，重量轻。

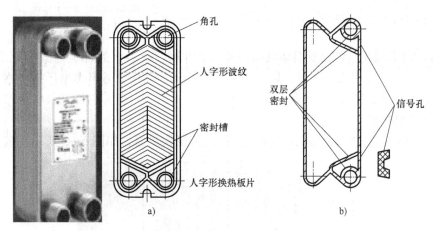

图 3-68　换热片与密封垫片

每个板片有四个孔，左侧上、下两孔通加热流体，右侧上、下两孔通被加热流体。板式换热器两侧流体（热侧与被加热侧）的流程配合很灵活。如图 3-69 所示，板片可以并联、混联，混联可以 2 对 2，也可实现 1 对 1、1 对 2 和 2 对 4 等。

将传热板片、板片间的密封垫用固定盖板、活动盖板、定位螺栓及压紧螺栓夹紧，固定在框架上，盖板上设有冷热媒进出口短管，如图 3-70 所示，可以组装成整体产品出厂，也可在热力站组装板片。

目前，板式换热器仅限于水—水交换，一般最高水温不超过 150℃。另外，它要定期拆洗，有时还要更换垫片。由于板片间间隙较小，要求水质好，一旦形成水垢，热力工况与水力工况将大大恶化。

2. 容积式换热器

容积式换热器既是换热器又是贮热水罐，多用于生活热水和用水不均匀的工业用热水系统。它主要由罐体和加热排管两部分组成。

容积式换热器有卧式和立式两种。卧式容积式换热器有 1~10 个型号，1~7 号为单孔

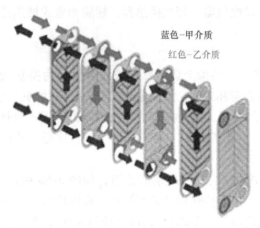

图 3-69 板式换热器流程示意图

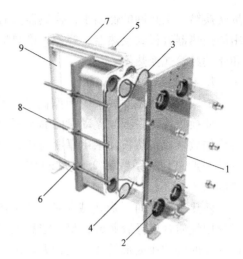

图 3-70 板式换热器构造示意图

1—固定压紧板 2—连接口 3—垫片 4—板片
5—活动压紧板 6—下导杆 7—上导杆
8—夹紧螺栓 9—支柱

式，8~10 号为双孔式，可按所需加热面积及容积选用。图 3-71 所示为卧式容积式换热器；图 3-72 所示为立式容积式换热器，且以"甲型"为例，其余型号可参见厂家样本和有关设计手册。

3. 壳管式换热器

壳管式（或管壳式）换热器是应用最广泛的传统换热器，如图 3-73 所示，其最基本的

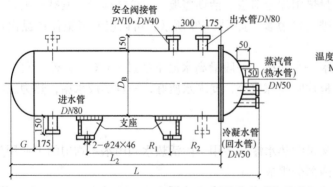

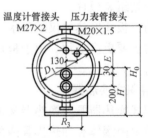

图 3-71 卧式容积式换热器

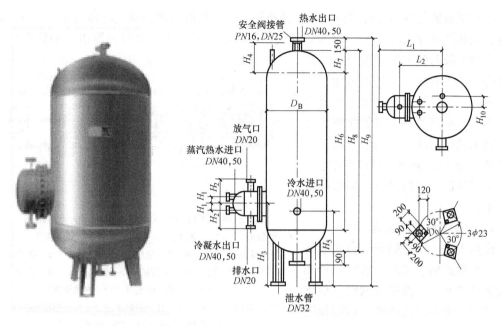

图 3-72 立式容积式换热器

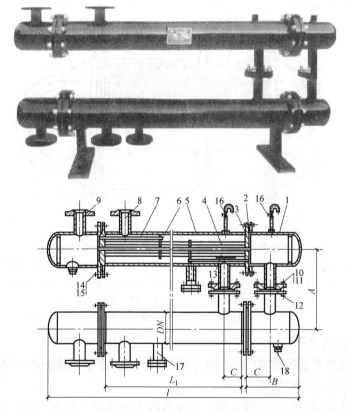

图 3-73 壳管式水—水换热器

1—管箱 2、12—垫片 3—管板 4—换热管 5—壳体 6—支撑板 7—拉杆 8—壳体连接管 9—管箱连接管
10、14—螺母 11、15—螺栓 13—防冲板 16—放气管 17—泄水管 18—排污管
注：需要放气管（DN15）时，只在最上一段换热器上安装。

构造是在圆形的壳体内加许多热交换用的小管，当加热的热煤为蒸汽时称为壳管式汽—水换热器，加热的热煤为高温水时称为壳管式水—水换热器。水—水换热器由于小管内外都是水，为使小管两侧水的流速接近，圆形外壳直径不能太大，当加热面积要求较大时，常将几段连起来，故又称分段式水—水换热器。该类换热器常用于热水供暖系统、低温水空调系统及某些连续性用热水的生产工艺系统。对于生活热水的供应，则需配备贮水罐。

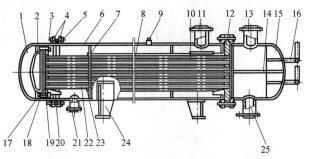

图 3-74　螺旋槽管式汽—水换热器的外形结构
1—外封头　2—后水室封头　3—双头螺栓　4、18—法兰　5—螺母
6—外壳　7—支撑板　8—定距管　9—放空口　10—防冲板
11—蒸汽进口　12—前管板　13—热水出口　14—隔板
15—前水室　16—温度计　17—六角头螺栓
19—后管板　20—支撑　21—凝结水出口　22—螺旋槽换热管
23—拉杆　24—支座　25—热水进水管

4. 螺旋槽管式换热器

供热工程中用的螺旋槽管式换热器主要有螺旋槽管式汽—水换热器和螺旋槽管式水—水换热器两种。螺旋槽管式汽—水换热器的外形结构如图3-74所示，螺旋槽管式水—水换热器的外形结构如图3-75所示。

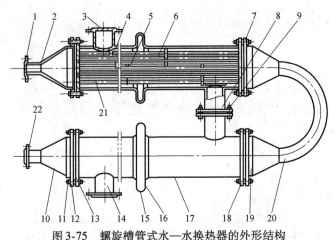

图 3-75　螺旋槽管式水—水换热器的外形结构
1、14—出水管　2、19—短管　3、22—进水管　4—螺母　5—折流板　6—定距管　7—拉杆
8—短管　9—六角头螺钉　10—锥形管　11—双头螺柱　12—六角螺母
13—垫片　15—堵头　16—膨胀节　17—外壳　18—法兰
20—弯头　21—螺旋槽换热管

5. 浮动盘管式换热器

浮动盘管式换热器是吸收 20 世纪 80 年代国际先进经验，由我国科技人员和生产厂家研制而成的规格型号多样的换热器。

浮动盘管式换热器的换热元件采用了悬臂式的浮动盘管（形状类似普通弹簧），盘管为纯铜管。在盘管加热过程中，由于管内热媒的作用，使盘管束产生一种高频浮动，促使被加热介质产生扰动，提高了传热能力，传热系数 $K \geq 3000 \mathrm{W}/(\mathrm{m}^2 \cdot \mathrm{℃})$。由于盘管为悬浮自由端，胀缩自由，产生高频浮动，使水中附着物自动离开管壁，形成自动脱垢的独有特性。另外，当采用蒸汽加热时，有凝结水过冷装置，在系统中不安装疏水器也可以阻汽外流。由于加热管束为密集的螺旋盘管，所以占地和空间比其他壳管式换热器要小得多。

用于供暖、空调系统的加热器为"半贮存"式；用于生活热水供应的为"贮存"式。LFP（水—水）型换热器的外形结构如图3-76所示。

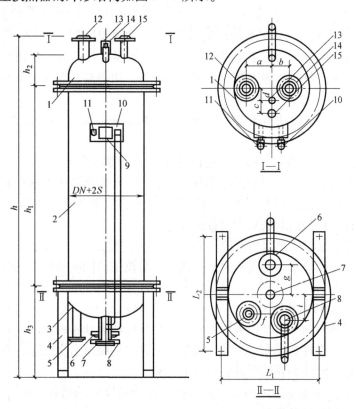

图 3-76　LFP（水—水）型换热器的外形结构

1—罐体上封头　2—罐体　3—罐体下封头　4—罐体支架槽钢　5—热媒（冷凝水）回水法兰　6—被加热水进水管法兰　7—罐体排污管法兰　8—加热热媒进口法兰　9—换热器产品标准法兰　10—罐体壳程压力表接管　11—加热热媒管程压力表接管　12—被加热水出水管法兰　13—自力式温度调节器温包接口　14—温度计接口　15—安全阀接管法兰

【典型实例】

【实例 1】喷水室运行调节

1. 喷水室日常运行时的调节

喷水室日常运行时的调节一般可分为相对湿度调节、温度调节和温度湿度同时调节三种基本调节方法。

（1）相对湿度调节。在喷水室运行过程中，当室内空气温度符合要求，但相对湿度偏低，达不到设计使用要求时，可用不改变送风参数只改变送风量的调节方法进行调节。即在保持机器露点温度基本不变的情况下，用加大送风量的方法来提高相对湿度；若相对湿度偏高，可在保持机器露点温度基本不变的情况下，用减小送风量的方法来降低相对湿度。

室内空气相对湿度的调节也可以用控制喷嘴开启数量的方法进行。当室内空气相对湿度偏低时，可多开些喷嘴，以增加喷水量，改变送风参数，使室内空气相对湿度适当提高；当室内空气相对湿度过高时，可以减少开启的喷嘴数量，以减少喷水量，改变送风参数，使室内空气相对湿度相应降低。

（2）温度调节。在喷水室运行过程中，当室内空气相对湿度符合要求，但温度较高，达不到设计使用要求时，可用只改变送风参数不改变送风量的调节方法进行调节。即可在室内空气相对湿度基本不变的情况下用降低机器露点温度的方法来降低室内温度；若室内温度较低，可在保持室内空气相对湿度基本不变的情况下，用提高机器露点温度的方法来提高室内温度。

改变送风参数常用的方法有改变喷水量、改变机器露点温度、改变喷水温度和改变新、回风比例等。

（3）温度湿度同时调节。在喷水室运行过程中，当室内空气温度和相对湿度均偏高时，要进行室内空气温度和相对湿度的同时调节。调节时，首先要将机器露点温度降低，同时减少送风量；当室内空气温度和相对湿度均偏低时，要将机器露点温度提高，同时加大送风量。这种量和质同时调节的方法称为混合调节。

混合调节的方法多用于热湿负荷改变而室内空气温湿度要求不变、室内空气热湿负荷不改变而室内空气温湿度要求改变或室内空气热湿负荷改变的同时室内空气温湿度要求也改变的情况。

2. 喷水室全年运转时的调节

喷水室全年运转时的调节是指根据不同季节的气候特点和室内温湿度要求，按照空调系统运行的经济性、可靠性和操作方便等原则要求制订出的喷水室全年运转方案。

喷水室全年运转时的主要调节方法有以下几种。

（1）风量调节。用改变送风阀门的开启度、改变送风机的转速、增加或减少风机开启台数的方法来达到调节风量的目的。

（2）新、回混合比例调节。新、回混合比例调节简称混合比例调节。这种调节方法是通过调节新、回风门的开度进行的。

（3）水量调节。用控制喷嘴供水阀门的开度进行调节的方法称为水量调节。为适应负荷变化过大的情况进行水量调节时，还可以采用停止或增加水泵运行台数的方法。

在冬季使用热水进行喷淋时，为了保持水温，可在喷水室的水池内安装加热管。

【实例2】 表面冷却器的维护保养

（1）应定期用中性洗涤剂温水溶液和软毛钢刷对表面冷却器肋片的灰尘污物进行清洗，操作时要注意防止碰坏肋片。

（2）表面冷却器使用的冷媒水一般应为 $5 \sim 7{}^\circ\!C$；热媒水在 $60{}^\circ\!C$ 左右，并应对热媒水进行洁净软化处理，以减少结垢。

（3）空调机组在运行中，冷水在表面冷却器内的流速宜调节到 $0.6 \sim 1.8 m/s$，热水在换热器内的流速宜调节到 $0.5 \sim 1.5 m/s$。

（4）在空调机组停用时间里，应使表面冷却器内充满水，以减少管子锈蚀；但在冬季应将盘管中的存水放尽，防止盘管冻裂。

【实例3】　风机盘管的选择

风机盘管有两个主要参数：制冷（热）量和送风量，故风机盘管的选择有以下两种方法：

（1）根据房间循环风量选择。房间面积、层高（吊顶后）和房间换气次数三者的乘积即为房间的循环风量。利用循环风量对应风机盘管高速风量，即可确定风机盘管型号。

（2）根据房间所需的冷负荷选择。根据单位面积负荷和房间面积，可得到房间所需的冷负荷值。利用房间冷负荷对应风机盘管高速风量时的制冷量即可确定风机盘管型号。

确定风机盘管型号以后，还需确定风机盘管的安装方式（明装或暗装）、送回风方式（底送底回，侧送底回等）以及水管连接位置（左或右）等条件。明装的风机盘管多选择立式，暗装的风机盘管多选择卧式，以便于和建筑结构配合。暗装的风机盘管通常吊装在房间顶棚上方。风机盘管机组的风机压头一般很小，通常出风口不接风管。当由于布置安装上的需要必须接风管时，也只能接一段短管，或选用加压型的风机盘管。风机盘管侧送风的水平射程一般小于6m。顶棚式风机盘管可通过水平设置的散流器送风口送风。

风机盘管分散设置在各空调房间中。对于一般的住宅和办公建筑，房间面积在20m^{2}以下，可选用FP—3.5；25m^{2}左右的房间选用FP—5.0；30m^{2}左右的房间选用FP—6.3；35m^{2}左右的房间选用FP—7.1。房间面积较大时应考虑使用多个风机盘管，房间单位面积负荷较大、对噪声要求不高时，可考虑使用风量和制冷量较大的风机盘管。

课题五　排水系统中的附属构筑物

【相关知识】

为了便于小区排水系统的运行和管理，在排水系统管道上应适当设置构筑物，排水系统中的附属构筑物是重要的组成部分，通常有检查井、化粪池、跌水井和雨水口等。

一、检查井

1. 检查井的作用

（1）便于定期维修和清理疏通管道。

（2）在直管段起连接管道的作用。

（3）管道汇流处可起三通、四通的作用。

（4）管道弯径处，变坡度时应设置检查井。

2. 检查井的设置

检查井设置在排水管道的交汇处、转弯处和管径、坡度及高程变化处，以及直线管段上每隔一定距离处。检查井在直线管段上的最大间距见表3-5。相邻两个检查井之间的管段应在同一直线上。

3. 检查井的基本结构

检查井一般为圆形，由井底（包括基础）、井身和井盖（包括盖底）三部分组成，如图3-77所示。

表 3-5　检查井在直线管段上的最大间距

管径或暗渠净高/mm	最大间距/m	
	污水管道	雨水(合流)管道
200 ~ 400	30	40
500 ~ 700	50	60
800 ~ 1000	70	80
1100 ~ 1500	90	100
>1500	100	120

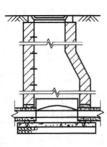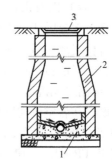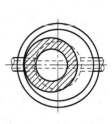

图 3-77　检查井
1—井底　2—井身　3—井盖

　　检查井的基础由碎石、砖块和混凝土制成，基础设置底板，板上做连接上下游管道的弧形明槽。明槽高度与管顶相平，明槽两侧边应留 200mm 的宽度，以利于维修人员立足之用，并应有 0.02 ~ 0.03 的坡度，以免淤泥沉积。

　　如图 3-78 所示，检查井井身的材料可采用砖、石、混凝土、塑料或钢筋混凝土，井身的平面形状一般为圆形，但在大直径管道的连接处或交汇处，可做成方形、矩形或其他各种不同的形状，如图 3-79 所示。

a)　　　　　　　　　　　b)　　　　　　　　　　　c)

图 3-78　不同材料污水检查井
a) 钢筋混凝土检查井　b) 砖砌检查井　c) 塑料检查井

检查井井身的构造与是否需要工人下井有密切关系。不需要下人的浅井，一般为直壁圆筒形；需要下人的井在构造上可分为工作室、渐缩部和井筒三部分。工作室是养护人员养护时下井进行临时操作的地方，不应过分狭小，其直径不能小于1m，其高度在埋深许可时一般为1.8m。井筒直径不应小于0.7m。井筒与工作室之间可采用锥形渐缩部连接，渐缩部高度一般为0.6～0.8m。为便于上下，井身在偏向进水管渠的一边应保持一壁直立。

图 3-79　矩形污水检查井

检查井井盖可采用铸铁或钢筋混凝土材料，在车行道上一般采用铸铁井盖。为防止雨水流入，盖顶应略高出地面。盖座采用铸铁、钢筋混凝土或混凝土材料制作。图 3-80 所示为轻型铸铁井盖及盖座，图 3-81 所示为轻型钢筋混凝土井盖及盖座。

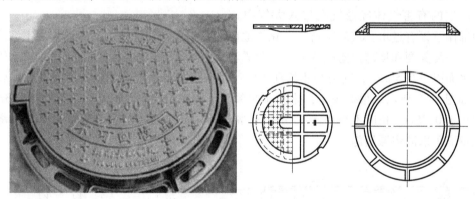

图 3-80　轻型铸铁井盖及盖座

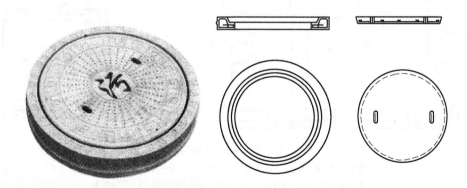

图 3-81　轻型钢筋混凝土井盖及盖座

二、化粪池

1. 化粪池的作用

检查井中截留的污泥称为生污泥，不能直接用作农业肥料。同时，污泥（粪便）的清掘工作量也是较大的。在小区街道内可修建简单处理构筑物，使生活污泥在构筑物内进行厌氧分解成为熟污泥，这种处理构筑物称为化粪池。

建有化粪池的小区排水管道如图 3-82 所示。小区中各建筑物的污水全部排至化粪池里，使污泥在化粪池内沉淀，污水从池表面流至城市排水干管。粪便在化粪池内停留一定时间后经厌氧分解成为熟污泥，该污泥由污泥车定期用污泥泵抽到车上的污泥罐内运走，可用作农业肥料。

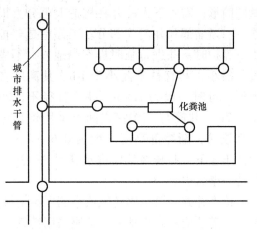

图 3-82　建有化粪池的小区排水管道

2. 化粪池的结构

化粪池有圆形和矩形两种，圆形池内分为两格，矩形池内分为两格或三格，其中第一格和第三格供粪便污泥继续沉淀和污水澄清用。分格的隔墙顶部设有通气孔，使池内粪便发酵过程中产生的有害气体经通气孔排入大气中。隔墙中部偏下设有过水孔或琵琶弯——化粪池内的专用管，使清液由前室流到后室，同时可拦阻底部污泥粪便和顶部浮渣进入后室。化粪池的进水管和出水管均为丁字管，进水管的下口伸至水面以下 0.5m 处，既可防止扰动水面浮渣层，又可不搅起底层的污泥粪便。化粪池的构造如图 3-83 所示。根据规定，化粪池的深度（从水面至池底距离）不得小于 1.3m，宽度不得小于 0.75m，长度不得小于 1.0m。化粪池可用砖、石、混凝土等材料砌筑或浇捣而成，池壁应采取防渗漏措施。

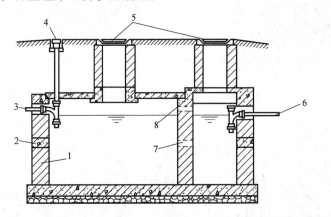
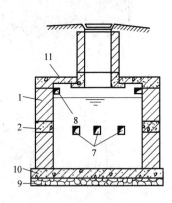

图 3-83　化粪池的构造

1—池壁　2—圈梁　3—进水管　4—清扫口　5—检查井　6—出水管
7—过水孔　8—通气孔　9—垫层　10—池底板　11—池盖板

化粪池通常设在建筑物背面靠近卫生间的地方，应尽量隐蔽，不宜设在人们经常活动或逗留的地方。化粪池壁距地下取水构筑物不得小于 20m，距建筑物外墙不宜小于 5m。如受条件限制，化粪池与建筑物的距离可酌情减小，但不能影响环境卫生和建筑物基础。

选择化粪池就是确定采用化粪池的型号。化粪池的使用规格与使用人数、建筑物的性质以及每人每天所排出的污水量有关，还与污水在化粪池中停留的时间长短以及多长时间掏一次污泥等有关，一般应经详细计算确定。如果采用估算方法，可参照表3-6进行选择。

表3-6 化粪池的最多使用人数

型号	有效容积/m³	建筑物性质及最多使用人数			
		医院、疗养院、幼儿园(有住宿)	住宅、集体宿舍、旅馆	办公大楼、教学楼、工业企业生活间	公共食堂、影剧院、体育场
1	3.75	25	45	120	470
2	6.25	45	80	200	780
3	12.50	90	155	400	1600
4	20.00	140	250	650	2500
5	30.00	210	370	950	3700
6	40.00	280	500	1300	5000
7	50.00	350	650	1600	6500

3. 化粪池的维护

进行化粪池的维护应注意以下三个问题。

（1）要严格按设计时所选定的污泥清掏周期掏取污泥。

（2）每次掏泥须留下约20%的熟污泥在池内，这样有利于保证化粪池的处理功能。

（3）每次掏泥后要将井盖盖好，这样既有助于池内污水保温，又能保证安全。

三、跌水井

跌水井是指设在排水管道的高程突然下落处的窨井。在井中，上游水流从高处落向低处，然后流走，如图3-84所示。同普通窨井相比，跌水井需消除跌水的能量，这一能量的大小决定于水流的流量和跌落的高度。跌水井的构造有不同的设计，决定于消能的措施，其井底构造一般都比普通窨井坚固。设置跌水井时要满足下列要求。

（1）当排水管跌水水头为1.0～2.0m时，宜设跌水井；跌水水头大于2.0m时，应设跌水井。管道转弯处不宜设跌水井。

（2）排水管中流速过大、需要调节处应设跌水井。

（3）支管接入高程较低的干管处应设跌水井。

（4）管道遇地下障碍物，必须跌落通过处应设跌水井。

（5）当淹没排放时，在水体前的最后一个井处应设跌水井。

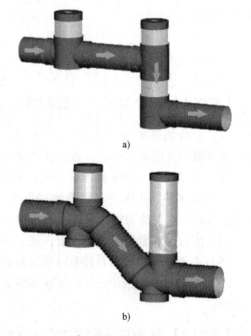

图3-84 跌水井

a）有口井筒系列跌水井 b）上、下弯头系列跌水井

注："→"所示为水流方向。

四、雨水口

雨水口指的是管道排水系统汇集地表水的设施，是设置在雨水管渠或合流管渠上收集雨水的构筑物，由进水算、井身及支管等组成，是雨水系统的基本组成单元。道路、广场草地，甚至一些建筑的屋面雨水首先通过算子汇入雨水口，再经过连接管道流入河流或湖泊。雨水口是雨水进入城市地下的入口，是收集地面雨水的重要设施。

雨水口的形式如图 3-85 所示，主要有平算式和立算式两类。平算式水流通畅，但暴雨时易被树枝等杂物堵塞，影响收水能力；立算式雨水口不易堵塞，边沟需保持一定水深。

a)   b)

图 3-85 雨水口的形式

a）平算式 b）立算式

【典型实例】

【实例 1】 室外给排水设施的维修保养规定

（1）室外给排水管道每半年全部检查一次，水管阀门应完好、无渗漏，水管通畅无阻塞；若有阻塞，应清除杂物。若管道坡度不正确，应重新敷设。

（2）明暗沟每半年全面检查一次，沟体应完好，盖板齐全。

（3）排水井、雨水井、化粪池每季度全面检查一次，每半年对易锈蚀的雨污水井盖、化粪池盖刷一次黑漆防锈，保持雨污水井盖标识清楚，路面井盖要做防振垫圈。

（4）室外喷水池每月检查保养一次，要求喷水设施完好，喷水管道无锈蚀。

（5）上下雨污水管每月检查一次，每次雨季前检查一次。

（6）水管每 4 年油漆一次，要求水管无堵塞、漏水或渗水，流水通畅，管道接口完好，无裂缝。

【实例 2】 室外排水管道沉陷的检修

造成室外排水管道沉陷的原因有：敷设管道时地基不稳固或土壤不实，以及在回填土时管道两侧土壤不密实等。检修的方法是：当发生明显沉陷时，必须按有关规定进行管道基础处理，即在管道下面垫 150～300mm 的矿渣或碎石并夯实，以保证基础的稳固，然后再进行管道的整坡处理。

【习题】

一、填空题

1. 空调系统在配置水泵时，要求水泵具有随着_____而变化的良好的调节性能。

2. 通常空调水系统所用的循环泵均为_____水泵。

3. 膨胀水箱是暖通空调系统中的重要部件，它的作用是收容和补偿系统中水的_____，亦用作_____。

4. 水泵的运行调节主要是_____，可以根据不同情况采用改变水泵转速、改变并联工作的水泵台数和等基本调节方式。

5. 空调工程中使用的表面式换热器主要是各种金属管与肋片的组合体，借助_____的冷、热媒介质经金属分隔面与空气间接进行热、湿_____。

6. 风扇电动机盘管是风扇电动机盘管空调机组的简称，普通风扇电动机盘管由风扇电动机、_____、_____、凝结水盘及组成。

7. 换热器为大型空调供暖系统热力站的_____设备，其作用是将一次热网高温水或蒸汽的热量交换给二次热网的_____。

8. 检查井设置在排水管道的_____、转弯处和管径、坡度及_____，以及直线管段上每隔一定距离处。

9. 雨水口指的是管道排水系统汇集_____的设施，是设置在雨水管渠和合流管渠上_____的构筑物，由_____、井身及支管等组成。

10. 喷水室主要由_____、_____、_____、_____及其附属设施等部件构成。

二、判断题

1. 变速调节时的水泵最低转速不要小于额定转速的 50% 　　（　　）
2. 水泵的轴承温度不得超过周围环境温度 80℃。 　　（　　）
3. 在水泵使用期间，每工作 200h 换润滑油一次。 　　（　　）
4. 水泵停用期间，如果环境温度低于 0℃，就要将泵内的水全部放掉。 　　（　　）
5. 在水泵使用期间，每天都要观察油位是否在油镜标识范围内。 　　（　　）
6. 冷却水系统一般使用的是自然通风冷却塔。 　　（　　）
7. 对使用齿轮减速装置的，每个月停机检查一次齿轮箱中的油位。 　　（　　）
8. 集水盘中有污垢时，采用刷洗的方法就可以很快使其干净。 　　（　　）
9. 在冬季冷却塔停止使用期间，要将集水盘和管道中的水全部放光。 　　（　　）
10. 检查井井盖可采用铸铁或钢筋混凝土材料，在车行道上一般采用钢筋混凝土井盖。 　　（　　）
11. 化粪池的深度（从水面至池底距离）不得小于 1m。 　　（　　）
12. 当排水管跌水水头为 1.0～2.0m 时，宜设跌水井。 　　（　　）

13. 化粪池壁距地下取水构筑物不得小于 20m。 （　　）

三、选择题

1. 计算管路的（　　），以此作为选择循环泵扬程的主要依据之一。
A. 沿程阻力
B. 局部阻力
C. 流量和管径
D. 沿程阻力和局部阻力

2. 由于离心泵靠叶轮进口形成（　　）吸水，因此起动前须向泵和吸水管内灌注引水。
A. 真空
B. 喷射
C. 涡旋
D. 高压

3. 衡量冷却塔的冷却效果，通常采用的两个指标是（　　）。
A. 冷却水温差和空气温差
B. 冷却水温差和冷却幅度
C. 冷却水湿球温度和冷却水温差
D. 冷却水露点温度和冷却水温差

4. 喷水室属于（　　）换热器。
A. 风冷式
B. 混合式
C. 回热式
D. 间壁式

四、简答题

1. 说明离心泵的工作原理和特点。
2. 水泵的保养周期是多长？
3. 简述水泵起动后出水管不出水的故障原因。
4. 简述冷却塔维护保养工作的重点。
5. 气压给水装置具有哪些特点？
6. 简述风机盘管的类型和结构。
7. 排水管道上的检查井有哪些作用？
8. 简述化粪池的维护应注意的问题。

单元四

空调水系统管网设计与施工

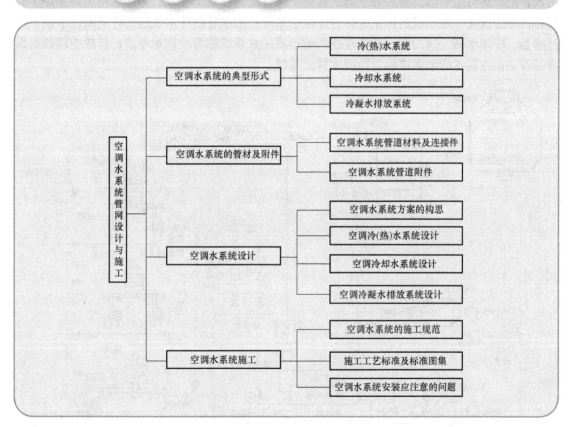

内 容 构 架

空调水系统管网设计与施工
- 空调水系统的典型形式
  - 冷(热)水系统
  - 冷却水系统
  - 冷凝水排放系统
- 空调水系统的管材及附件
  - 空调水系统管道材料及连接件
  - 空调水系统管道附件
- 空调水系统设计
  - 空调水系统方案的构思
  - 空调冷(热)水系统设计
  - 空调冷却水系统设计
  - 空调冷凝水排放系统设计
- 空调水系统施工
  - 空调水系统的施工规范
  - 施工工艺标准及标准图集
  - 空调水系统安装应注意的问题

【学习引导】

目的与要求

1. 知道空调冷（热）水系统、冷却水系统、冷凝水排放系统的形式和特点，能根据需求正确选择合适的类型。

2. 知道空调水系统管道常用材料和附件的类型特点，能正确选择空调水系统管道材料和附件。

3. 知道空调水系统设计的相关规定，能进行空调水系统的辅助设计。

4. 熟悉空调水系统施工规范，能进行空调水系统的辅助施工。

重点与难点

学习难点：空调水系统的设计。

学习重点：空调水系统的形式、材料及应用。

课题一　空调水系统的典型形式

【相关知识】

空调水系统一般包括冷（热）水系统、冷却水系统和冷凝水排放系统，如图4-1所示。用水管把冷水机组的蒸发器、分水器、水泵、水过滤器、末端装置、膨胀水箱、集水器、阀门等设备连接在一起形成的水系统称为冷冻水系统；用水管把冷水机组的冷凝器、水泵、水过滤器、冷却水塔、阀门等设备连接在一起形成的水系统称为冷却水系统；排放空调器表面冷却器表面冷凝水的水系统称为冷凝水排放系统。

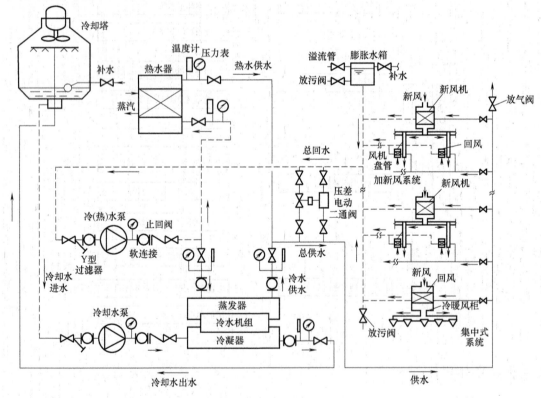

图4-1　空调水系统示意图

一、冷（热）水系统

冷（热）水系统是指夏季由冷水机组产生冷水（冷量）并通过冷水泵向风机盘管机组、

新风机组或组合式空调机组的表面冷却器（或喷水室）供给供水为7℃、回水为12℃的冷水；在冬季，由换热站向风机盘管机组、新风机组等供给供水为60℃、回水为50℃的热水。

1. 双管制、三管制和四管制

冷（热）水系统按管路的个数可分为双管制、三管制和四管制系统。两管制系统如图4-2a所示，管路系统只有一根供水管和一根回水管。夏季循环冷水，冬季循环热水，用阀门进行切换。两管制系统管路简单，施工方便，初投资小，但不能用于同时需要供冷又供热的场所。

三管制系统如图4-2b所示，管路系统有供冷管路、供热管路和回水管路三根水管，其冷水与热水共用一根回水管。三管制系统能同时满足供冷和供热的要求，管路较四管制简单，但比两管制复杂，投资也比较高，且存在冷、热水回水的混合损失问题。

四管制系统如图4-2c所示，冷水与热水均单独设置自己的供水管和回水管，构成两套完全独立的供、回水管路，分别供冷和供热。四管制系统能够同时供冷和供热，可以满足高质量空调环境的要求。但四管制系统管路十分复杂，初投资很高，且占用建筑空间也较多。

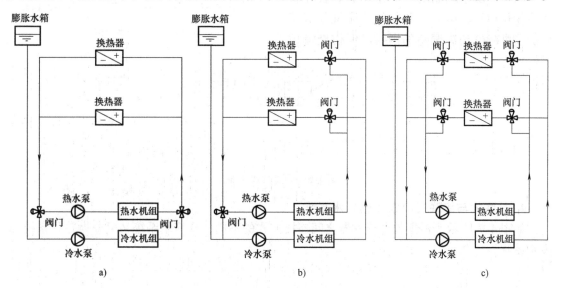

图4-2 两管制、三管制、四管制系统
a）两管制系统 b）三管制系统 c）四管制系统

2. 闭式与开式水系统

冷（热）水系统按是否与大气相通可分为闭式水系统和开式水系统。闭式水系统如图4-3所示，水循环管路中无开口处，管路不与大气相通，水泵所需扬程仅由管路阻力损失确定，不需计及将水位提高所需的位置压头。

开式水系统如图4-4所示，末端水管与大气相通。开式水系统使用的水泵除要克服管路阻力损失外，还需具有把水提升至某一高度的压头，因此要求有较大的扬程，其相应的能耗也较大。

3. 异程式和同程式

冷（热）水系统按其并联于供水干管和回水干管间的各机组循环管路总长是否相等，可分为异程式和同程式两种。异程式水系统如图4-5所示，其管路配置简单，节省管材，但

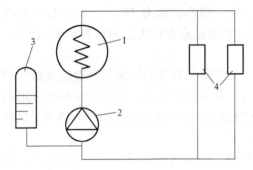

图4-3 闭式水系统

1—换热器 2—水泵 3—膨胀水箱 4—冷水机组

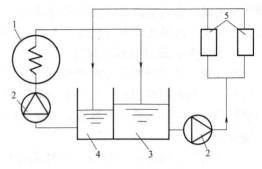

图4-4 开式水系统

1—换热器 2—水泵 3、4—膨胀水箱 5—冷水机组

各并联环路管长不等，因而阻力不等，流量分配难以均衡，增加了初次调整的困难。

同程式水系统如图4-6所示，其各并联环路管长相等，阻力大致相同，流量分配较均衡，可减少初次调整的困难，但初投资相对较大。

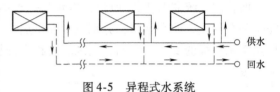

图4-5 异程式水系统

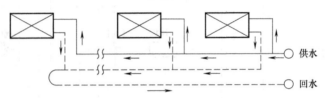

图4-6 同程式水系统

4. 并联式与串联式冷冻（热）水系统

如图4-7所示，根据各台蒸发器之间连接方式的不同，冷冻水系统又可分为并联系统和串联系统。

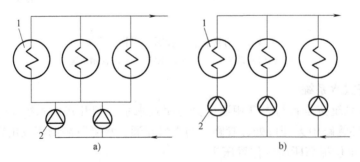

图4-7 并联式与串联式冷冻水系统

a）并联水系统 b）串联水系统

1—蒸发器 2—水泵

5. 定水量和变水量系统

冷（热）水系统按系统中总水量是否能发生变化，可分为定水量和变水量系统。定水量系统如图4-8a所示，其水流量恒定不变，通过改变供、回水温差（变温差）来适应末端

负荷的变化。当末端负荷减少时，水系统供、回水温差减小，使系统输送给负荷的能量减少，以满足负荷减少的要求，但水系统的输送能耗并未减少，因此水的运送效率低。定水量系统的各个空调末端装置采用电动三通阀调节，当室温未达到设定值时，三通阀的直通管开启、旁通管关闭，供水全部流经末端装置；当室温达到或超过设定值时，直通管关闭、旁通管开启，供水全部经旁通管流入回水管。因此，负荷侧水流量是不变的。定水量系统操作简便，不需要较复杂的自控设备，用户端采用三通阀调节水量，各用户之间互不干扰，系统运行较稳定，但系统水流量按最大负荷确定，绝大多数时间供水量都大于所需要的水量，输送能耗始终处于设计的最大值，水泵的无效能耗很大。

变水量系统如图 4-8b 所示。它保持供、回水温差不变（定温差），通过改变水流量来适应空调末端负荷的变化，其水流量随负荷的变化而改变。当末端负荷减少时，系统水流量随之减小，使系统输送给负荷的能量减少，以适应负荷减少的要求。因水流量减少可降低水的输送能耗，因而节能显著。变水量系统的各个空调末端装置采用电动二通阀调节。当室温未达到设定值时，二通阀全开或开度增大，流经末端装置的供水量增大；当室温达到或超过设定值时，二通阀关闭或开度减小，流经末端装置的供水量减少。因此，负荷侧水流量是变化的。变水量系统水泵的能耗随负荷的减少而降低（节能），设计配管时，可考虑同时使用系数，使管径相应减小，这样水泵和管道的初投资少。但变水量系统的控制设备要求较高，也较复杂。

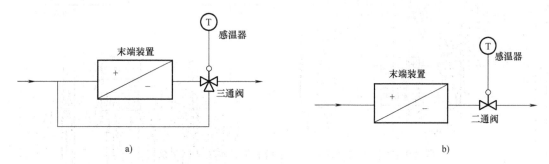

图 4-8　定水量系统和变水量系统
a）定水量系统　b）变水量系统

为了在负荷减少时仍能使供、回水平衡，变水量系统应在中央机房内的供、回水集管之间设旁通管，并在旁通管上装压差电动二通阀。

当全系统只设一台冷水机组时，宜采用定水量系统；变水量系统宜设两台以上的冷水机组。无论是定水量系统还是变水量系统，空调末端装置除设自动控制的电动阀外，还应装手动调节截止阀。供、回水集管间压差电动二通阀两端都应设手动截止阀，这样才便于初次调整及维修，并且电动阀应与风机电气联锁。

6. 单式水泵系统和复式水泵系统

单式水泵系统又称一次泵系统，即冷源侧与负荷侧共用一组循环水泵，如图 4-9a 所示。单式水泵系统是利用一根旁通管来保持冷源侧的定流量而让负荷侧处于变流量运行的。在冷冻水供、回水总管之间设有压差旁路装置。当空调负荷降低时，负荷侧管路阻力将增大，压差控制装置会自动加大旁通阀的开度，负荷侧减少的部分水流量从旁通管返回回水总管，流回冷水机组，因而冷水机组蒸发器的水流量始终保持恒定不变（即定流量）。单式水泵系统比较简单，控制元件少，运行管理方便，水流量调节受冷水机组最小流量的限制，不能适应供水半径及供水分区扬程相差悬殊的情况，因此只能用于中小型空调系统。

复式水泵系统又称二次泵系统，即冷源侧与负荷侧分别配置循环水泵，如图4-9b所示。设在冷源侧的水泵常称为一次泵，设在负荷侧的水泵常称为二次泵。复式水泵系统能适应各个分区负荷变化规律不一样、各个分区回路扬程相差悬殊或各个分区供水作用半径相差较大的情况，可实现二次泵变流量，节省输送能耗。但复式水泵系统较复杂，控制设备要求较高，机房占地面积较大，初投资较大。大型建筑各个区负荷变化规律不一样和供水作用半径相差悬殊时，宜采用复式水泵系统。

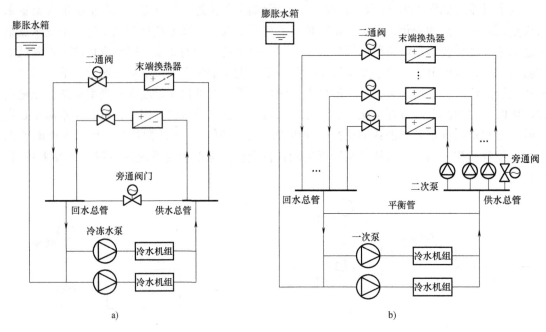

图4-9 单式水泵（一次泵）系统和复式水泵（二次泵）系统
a) 单式水泵（一次泵）系统 b) 复式水泵（二次泵）系统

7. 直接供冷式和间接供冷式

直接供冷式如图4-10所示，是空调系统的末端装置直接从冷水机组获取冷水的方式，是大多数空调系统采用的一种方式。高度超过100m的建筑物将竖向分2～3个独立的冷水系统。

间接供冷式如图4-11所示，高楼层部分的冷量是由低楼层部分的冷水机组提供的，通过水—水换热器"转换水"间接获得。

二、冷却水系统

冷却水系统是指从制冷压缩机冷凝器出来的冷却水由水泵送至冷却塔，经冷却后的水从冷却塔依靠重力作用自流至冷凝器的循环水系统。其常用的水源有地面水、地下水、海水、自来水等。冷却水系统的供水方式一般可分为直流式、混合式和循环式三种。

1. 直流式冷却水系统

在直流式冷却水系统中，冷却水经冷凝器等用水设备后，直接就近排入下水道或用于农田灌溉，不再重复使用。这种系统的耗水量很大，适用于有充足水源的地方。

2. 混合式冷却水系统

混合式冷却水系统如图 4-12 所示，其工作过程为：从冷凝器中排出的冷却水分成两部分，一部分直接排掉，另一部分与供水混合后循环使用。混合式冷却水系统一般适用于使用地下水等冷却水温度较低的场所。

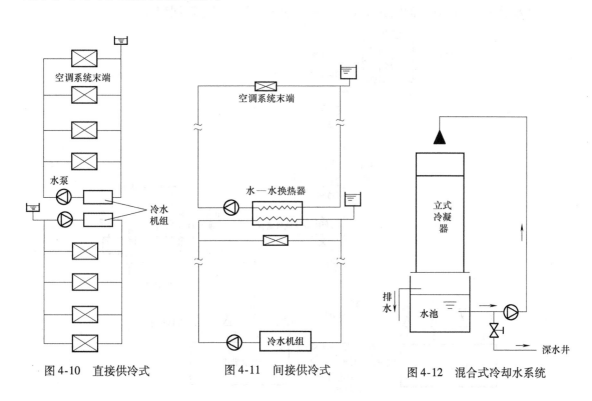

图 4-10　直接供冷式　　　　图 4-11　间接供冷式　　　　图 4-12　混合式冷却水系统

3. 循环式冷却水系统

循环式冷却水系统如图 4-13 所示，其工作过程为：冷却水经过制冷机组冷凝器等设备吸热而升温后，被输送到喷水池和冷却塔，利用蒸发冷却的原理降温散热。

三、冷凝水排放系统

夏季，空调器表面冷却器的表面温度通常低于空气的露点温度，因而其表面会结露，需要用水管将空调器底部的接水盘与下水管或地沟连接，以及时排

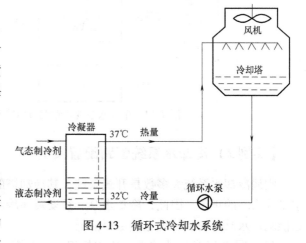

图 4-13　循环式冷却水系统

放接水盘所接的冷凝水。这些排放空调器表面冷却器表面冷凝水的水管就组成了冷凝水排放系统。

【典型实例】

【实例1】 单式水泵变水量调节两管制冷（热）水系统应用

如图 4-14 所示，一般建筑物的普通舒适性空调系统，其冷（热）水系统宜采用单式水泵、变水量调节、两管制的闭式系统，并尽可能为同程式或分区同程式。

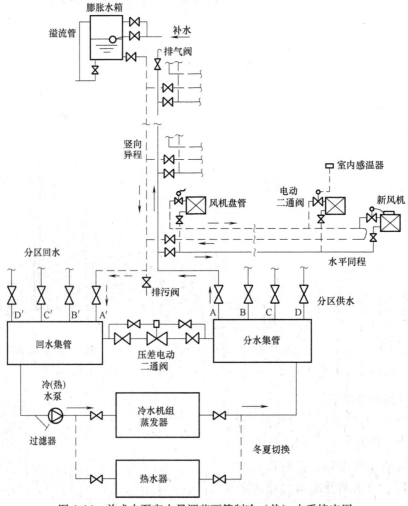

图 4-14 单式水泵变水量调节两管制冷（热）水系统应用

【实例2】 冷却水系统管路配置实例

空调冷却水系统大多数是开式系统，其冷却塔的扬程水位与大气压是唯一可提供给冷却水泵吸入端的正压。因此，冷却水泵必须安装在冷水机组冷凝器的进水端，以减小系统的输送能耗。水泵的安装位置也应尽可能低。

（1）图 4-15 所示为水泵、冷水机组、冷却塔——对应配置。

（2）图 4-16 所示为水泵、冷水机组、冷却塔各自并联配置。

（3）图 4-17 所示为具有出水干管与回水干管的冷却水管路配置。

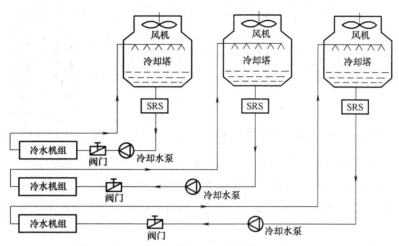

图 4-15　水泵、冷水机组、冷却塔——对应配置

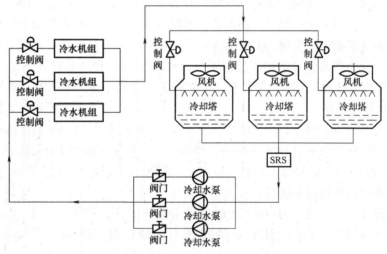

图 4-16　水泵、冷水机组、冷却塔各自并联配置

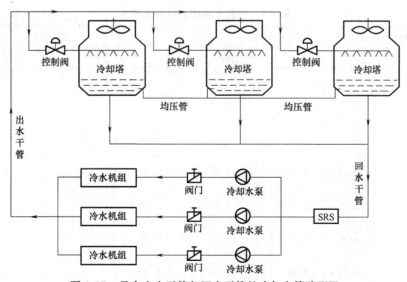

图 4-17　具有出水干管与回水干管的冷却水管路配置

课题二　空调水系统的管材及附件

【相关知识】

一、空调水系统管道材料及连接件

目前空调水系统管材可分为金属管、塑料管和复合管三类，应用较多的室内金属给水管材主要有钢管、给水铝合金衬塑管和给水铜管，非金属管材主要为塑料管，此外还有金属和非金属的复合管（如铝塑复合管）等。空调水系统管道材料的选择主要依据其承受的水压、埋管条件和供应情况等。

1. 钢管及连接件

钢管有无缝钢管和焊接钢管两种。钢管的优点是强度高，耐高压，耐振动，重量较轻，长度大，接头少，使用方便；缺点是易生锈，不耐腐蚀。室内给水管常用镀锌焊接钢管。镀锌钢管的材质为易焊接的碳素钢，其管壁纵向有一条焊缝，并且经镀锌处理。按管壁厚度不同，镀锌钢管可分为普通管（适用于公称压力 $p_g \leqslant 1.0\text{MPa}$）和加厚管（适用于公称压力 $p_g \leqslant 1.6\text{MPa}$），管长一般为 4～9m，并带有一个管接头。管径小于 $DN80$ 的用螺纹连接，管径大于等于 $DN80$ 的用焊接。

无缝钢管用 10、20、35 及 45 低碳钢用热轧或冷拔法制成。冷拔管的最大公称直径为 200mm，热轧管的最大公称直径为 600mm。外径小于 57mm 时常用冷拔管，外径大于等于 57mm 时常用热轧管。冷拔管的长度为 1.5～7m，热轧管的长度为 4～12.5m。无缝钢管一般采用焊接，其规格用外径 $D \times$ 壁厚表示。

空调水系统中，当管径小于 $DN125$ 时可采用镀锌钢管，当管径大于等于 $DN125$ 时采用无缝钢管。高层建筑的冷（热）水管宜选用无缝钢管。空调水系统常用钢管规格见表 4-1。

表 4-1　空调水系统常用钢管规格

公称直径 DN		普通镀锌管			无缝钢管		
mm	in	外径/mm	壁厚/mm	不镀锌理论质量/(kg/m)	外径/mm	壁厚/mm	质量/(kg/m)
8	$\frac{1}{4}$	13.5	2.25	0.62			
10	$\frac{3}{8}$	17.0	2.25	0.82	14	3.0	0.814
15	$\frac{1}{2}$	21.25	2.75	1.25	18	3.0	1.11
20	$\frac{3}{4}$	26.75	2.75	1.63	25	3.0	1.63
25	1	33.5	3.25	2.42	32	3.5	2.46
32	$1\frac{1}{4}$	42.25	3.25	3.13	38	3.5	2.98

（续）

公称直径 DN		普通镀锌管			无缝钢管		
mm	in	外径/mm	壁厚/mm	不镀锌理论质量/(kg/m)	外径/mm	壁厚/mm	质量/(kg/m)
40	$1\frac{1}{2}$	48.0	3.50	3.84	45	3.5	3.58
50	2	60	3.50	4.88	57	3.5	4.62
65	$2\frac{1}{2}$	75.5	3.75	6.64	76	4.0	7.10
80	3	88.5	4.00	8.34	89	4.0	8.38
100	4	114.0	4.00	10.85	108	4.0	10.26
125	5	140.0	4.50	15.04	133	4.0	12.73
150	6	165.0	4.50	17.81	159	4.5	17.15
200	8				219	6.0	31.54
250					273	7.0	45.92
300					325	8.0	62.54
400					426	9.0	92.55
500					530	9.0	105.50

注：镀锌管比不镀锌管质量大3%~6%。

钢管接口一般采用焊接或法兰连接，小管径可用螺纹连接或焊接，镀锌钢管采用螺纹连接。钢管螺纹连接配件主要有弯头、三通、四通、管箍、异径管接头、活接头、内外螺纹管接头和外接头等，如图4-18所示。

（1）弯头。常用的弯头有90°和45°两种，有等径和异径弯头，主要起着改变流体方向的作用。

（2）三通。三通对输送的流体起分流和合流作用，分为等径和异径两种形式，规格一般与钢管配套使用。等径三通用公称直径表示，如 DN20 三通、DN25 三通、DN40 三通分别表示其口径为 20mm、25mm、40mm；异径三通也以公称直径表示，如 DN25×20 三通、DN32×25 三通等。

（3）四通。四通分为等径和异径两种形式，均以公称直径表示。例如，等径四通可表示为 DN20 四通、DN32 四通、DN40 四通，异径四通可表示为

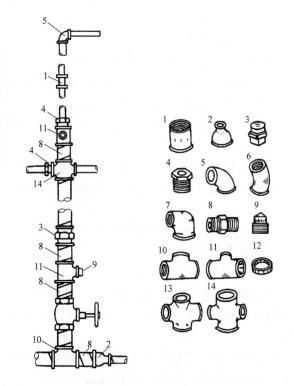

图 4-18　钢管螺纹连接配件及连接方法
1—管箍　2—异径管箍　3—活接头　4—补心　5—90°弯头
6—45°弯头　7—异径弯头　8—对丝　9—管塞　10—等径三通
11—异径三通　12—根母　13—等径四通　14—异径四通

$DN40 \times 25$ 四通、$DN25 \times 20$ 四通。

（4）管箍。管箍是用于连接管道的管件，其两端均为内螺纹，分为等径和异径两种，以公称直径表示。如 $DN25$ 管箍、$DN32 \times 25$ 管箍。

（5）对丝。对丝用于连接两个相同管径的内螺纹管件或阀门，其规格与表示方法与管子相同。

管件的规格以公称直径表示，应与相连管的规格一致。常用管件规格见表 4-2。

表 4-2　常用管件规格 （单位：mm × mm）

等径管件	异径管件							
15 × 15								
20 × 20	20 × 15							
25 × 25	25 × 15	25 × 20						
32 × 32	32 × 15	32 × 20	32 × 25					
40 × 40	40 × 15	40 × 20	40 × 25	40 × 32				
50 × 50	50 × 15	50 × 20	50 × 25	50 × 32	50 × 40			
65 × 65	65 × 15	65 × 20	65 × 25	65 × 32	65 × 40	65 × 50		
80 × 80	80 × 15	80 × 20	80 × 25	80 × 32	80 × 40	80 × 50	80 × 65	
100 × 100	100 × 15	100 × 20	100 × 25	100 × 32	100 × 40	100 × 50	100 × 65	100 × 80

2. 铜管及连接件

铜管如图 4-19 所示，其具有以下优点。

（1）耐腐蚀，耐用，特别是对于 $60 \sim 90 ℃$ 的热水，钢管易发生显著腐蚀，而铜管则不易腐蚀。

（2）重量轻，便于搬运和安装，其重量约为钢管重量的 $1/3 \sim 1/2$。

（3）强度大，便于加工，又因为是用软钎料焊接，故不需要车螺纹、管钳等工具，因而现场作业面积可以小些。

（4）水流阻力小，因而管径可比用钢管时小。

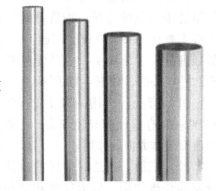

图 4-19　铜管

（5）不易结垢。

（6）抗冻、抗冲击能力强。

因其价格比钢管贵，故以前只用于高级建筑物的热水供应管和冷水管。但是，由于铜管具有许多优点，目前不仅热水供应管和冷水管使用铜管，给水管以至排水管也开始使用铜管。

铜管的配件为软钎料焊接用配件，是以给水用铜管为材料挤压成形的。因为是用延展性良好的铜为原材料，所以不像铸造配件那样容易产生气孔；并且壁厚均匀，与管材材质相同，不会发生电腐蚀，而且配件和铜管之间的缝隙可以在 0.15mm 以内。常用的配件有等径管箍、异径管箍、弯头、三通、活接头和 180°弯管等，如图 4-20 所示。

铜管接口一般采用焊接。黄铜管如图 4-21 所示，比铜管的价格更高，不常使用，其配件使用青铜铸件，和钢管一样有弯头、三通、管箍、法兰、活接头等各种配件，如图 4-22 所示。黄铜管的连接和钢管一样，一般采用螺纹连接。

3. 不锈钢管及连接件

不锈钢管如图 4-23 所示，按制造方式分为不锈钢焊接钢管和不锈钢无缝钢管两种；按管壁厚度不同又分为不锈钢管与薄壁不锈钢管。20 世纪 90 年代末才在国内出现的薄壁不锈钢管的推广应用正逐步为大家所认同和接受。薄壁不锈钢管用于沿建筑外墙安装的直饮水管或高标准建筑室内给水管路。

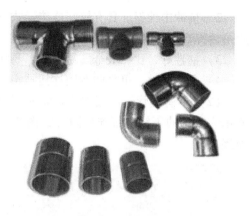

图 4-20　铜管管件

图 4-21　黄铜管

图 4-22　黄铜管配件

图 4-23　不锈钢管

（1）薄壁不锈钢管的特点。由特殊焊接工艺处理的薄壁不锈钢管，因其强度高、管壁较薄、造价降低，从而有效地推动了不锈钢管的应用和发展。薄壁不锈钢管还有以下优越性能。

1）经久耐用，卫生可靠，耐蚀性好，环保性好。

2）抗冲击性强。具有较好连接形式（如插接压封式连接技术）的薄壁不锈钢管路的强度是镀锌管和普通钢管的 2～3 倍。

3）韧性好，比一般金属易弯曲、易扭转，不易裂缝，不易折断。

4）采用成熟、可靠的专用连接技术，大大加快了工程进度，提高了工程效率。

（2）不锈钢管的连接方式。常见的管件类型有压缩式、压紧式、推进式等。图4-24 所示为常用的不锈钢管连接附件，图4-25 所示为卡环压连接，图4-26 所示为卡压和卡凸连接。

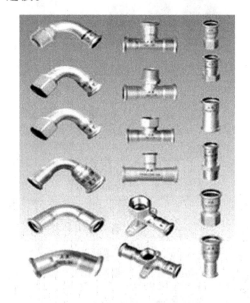

图 4-24　常用的不锈钢管连接附件

图 4-25　卡环压连接

此处卡压连接　　　　此处卡凸连接

图 4-26　卡压和卡凸连接

4. 塑料管及连接件

塑料管主要有：交联聚乙烯（PE—X）管、改性聚丙烯（PP—R，PP—C）管、氯化聚氯乙烯（PVC—C）管、硬聚氯乙烯（PVC—U）管、聚乙烯管（PE 管，又分为高密度 HDPE 型管和中密度 MDPE 型管，通常代表高密度 HDPE 型管）、聚丁烯（PB）管、丙烯腈—丁二烯—苯二烯（ABS）管、PPPE 管（PP—R 或 PP—C 与 HDPE 合成材料）、纳米聚丙烯管（NPP—R）等。塑料管具有较强的耐蚀性，表面光滑、重量轻、加工方便，可以粘接、焊接；但其耐热性较差，受紫外线照射易老化。图4-27 所示为常见的 PPR 塑料管及管件。各类塑料管的性能特点及连接方式见表4-3。

图 4-27　常见的 PPR 塑料管及管件

表 4-3　各类塑料管的性能特点及连接方式

名称	性能特点及连接方式
PE—X 管	PE—X 管特性:(1)耐温性能好,使用的温度为 −70 ~ 100℃。(2)隔热性能和耐压力性能好。PE—X 管热导率低,热量损失小,节约能源。(3)使用寿命较长,可安全使用 50 年以上。(4)抗振动,耐冲击。(5)不污染环境,绿色环保,不含任何毒素,也不释放有害物质,焚烧后只产生水和二氧化碳。管外径规格为 16 ~ 63mm。管道连接有卡箍式、卡套式、专用配件式。生产企业常规产品压力等级为 1.25MPa(SDR11)
PP—R 管	PP—R 管又称Ⅲ型聚丙烯、无规共聚聚丙烯,其突出特点有:(1)无毒、卫生。(2)耐热、保温性能好。PP—R 管的最高耐热温度可达 131.3℃,最高使用温度为 95℃,长期(50 年)使用温度为 70℃,完全可以满足常用的工业和民用生活热水和空调供回水系统。同时,PP—R 管的热导率只有钢管的 1/200,具有良好的保温和节能性能,还可节省保温管件的厚度。(3)安装方便且是永久性的连接。(4)原料可回收,不会造成环境污染。PP—R 管不仅可用于建筑物内的冷热水系统,还可用于建筑物内的供暖系统、直饮用水供水系统、空调供回水系统、输送化学介质等。在进行设计时宜根据各产品的企业标准或技术规程选定合适的规格。PP—R 管道的连接方式主要有两种:热熔连接和电熔连接,也有专用螺纹连接或法兰连接
PP—C 管	PP—C 管是一种共聚聚丙烯管材。PP—C 管一般采用单螺杆挤出机挤成管材,连接方式为热熔连接。其主要性能有:(1)耐温性能好,长期高温和低温反复交替下管材不变形、质量不降低。(2)不含有害成分,化学性能稳定,无毒无味,输送饮用水安全性评价符合卫生要求。(3)抗拉强度和屈服应力大,延伸性能好,承受压力大,防渗漏,工作压力完全可以满足多层建筑供水的需要。PP—C 管管材的型号规格可以达到 $DN100$。PP—C 管道采用热熔连接。
PVC—C 管	PVC—C 管的主要性能特点:(1)防腐性能很强。PVC—C 管道无论是在酸、碱、盐、氯化、氧化的环境中或是暴露在空气中、埋于腐蚀性土壤里,甚至在 95℃高温下,内外均不会被腐蚀。(2)阻燃性良好。PVC—C 的着火温度为 482℃,所以 PVC—C 管道不自燃且不助燃,还具有限制烟雾的特性,不会产生有毒气体。(3)保温性能好,热膨胀小。PVC—C 热导率低,所以 PVC—C 管道夏天不易结露,冬天可节省大部分保温材料及施工费用,也不易扭曲变形。(4)抗震性好。PVC—C 管道具有较好的弹性模量,能起抗振作用并能大大降低水锤效应。(5)具有优异的耐老化性和抗紫外线性能。常用公称直径为 $DN15 ~ DN300$。连接方式有承插粘接、塑料焊接,还有专用配件法兰连接、螺纹连接。PVC—C 管的优点比较多,且在热水管道上应用较好,但因为材料价格比较昂贵,在给水方面的推广应用受到了较大限制
PB 管	PB 管是由聚丁烯树脂通过一定的制管工艺生产而成的管材及管件。聚丁烯树脂是由丁烯—1 单体合成的高分子量全同聚合物,是一种柔软的热塑性聚烯烃。其主要特性有:(1)耐温性能良好。其长期使用温度(是指管道在此温度范围内使用寿命达 30 ~ 50 年)小于等于 90℃。(2)耐压性能极佳,抗蠕变能力极强;同样条件下其管壁最薄,其工作压力:冷水时为 1.6 ~ 2.5MPa;热水时为 1.0MPa。(3)韧性和耐冲击力极好。(4)耐腐蚀性极好。(5)隔热性能较好。材料的热导率较小。(6)无毒、重塑性强。常用的公称直径为 $DN15 ~ DN63$。PB 管主要采用热熔式、电熔式或承插式接头连接,也采用胶圈密封连接。PB 材料属于易燃材料,必要时安装加工或使用的场所采取防火措施。由于这种管材的原材料主要依赖于进口,价格昂贵,在国内应用的大多依赖进口成品管材及管件(包括施工连接的专用工具等),同时施工技术要求较高,故在国内应用很有限

(续)

名称	性能特点及连接方式
PPPE 管	PPPE 管是以 PP—R 或 PP—C 与 HDPE 为主要材料,加以一定量的化学助剂等合成材料,经挤压成型的塑料管材。该种管材适用温度范围广(-25 ~95℃),耐压高(公称压力为20MPa),不仅能像 PE 管、PB 管、改性聚丙烯(PP—R,PP—C)管那样进行热熔连接(有专用的 PPPE 管配套热熔管件),而且还能像热镀锌钢管那样在现场用普通套螺纹工具套螺纹,采用带内螺纹的管件进行螺纹连接。在同等承压条件下,PPPE 管的管材和管件的壁厚比 PP—R 管(Ⅲ型聚丙烯,即无规共聚聚丙烯)的壁厚要薄,且口径越大越薄得越多,因此 PPPE 管的价格比 PP—R 管低。据测算,PPPE 管整体工程造价约比 PP—R 管少80% 左右。目前可使用的规格为 DN15 ~ DN50(不含 DN32)五种,其规格与热镀锌钢管相同(详见各管材厂家产品的技术资料)。目前,厂家正在开发 DN50 以上规格的管材和管件
NPP—R 管	NPP—R 管材是以无机层状硅酸盐插层复合技术制备的含有纳米抗菌剂的纳米聚丙烯(NPP—R)抗菌塑料粒料制成的。NPP—R 管材专用料研发成功,是我国纳米技术的重大突破,属于国内首创,达到了国际先进水平。正光纳米聚丙烯(NPP—R)管道集普通 PP—R 管道所有优点于一身,它重量轻、耐热性能好、耐蚀性好、热导率低、管道阻力小、管件连接牢固。其独具特性为:(1)力学性能优异。在安装和使用过程中不会因偶然的撞击、敲打或轧压而造成破坏。(2)线胀系数小,较进口 PP—R 材料制成的管道小25% ~30%,不易因使用温度的变化而造成嵌件部分的松动渗漏。(3)纵向收缩率低,较进口 PP—R 材料制成的管道低30% ~40%,因温度变化引起的变形小,适合采用嵌墙和地坪面层内的直接暗敷设方式。(4)有100% 的杀菌功能,特别适用于饮用水管网输水工程。(5)是极好的绿色环保产品。NPP—R 管常用公称外径有 16 ~63 几种规格,按公称压力分为 1.25MPa、1.6MPa 和 2.0MPa 三种。其主要连接方式为热熔式插接,部分使用在工厂内生产成型的丝扣进行连接,应严格按照厂家所提出的技术规程、技术规定执行,不允许在管材、管件上直接套螺纹。避免阳光直射。

5. 铜塑复合管

铜塑复合管是新型管材,其外层为硬质塑料,内层为铜管,如图 4-28 所示。铜塑复合管结合了铜管和塑料管的优点,具有良好的耐蚀性和保温性,接口采用铜质管件,连接方便、快速,但价格较高,目前多用于室内热水供应管道。

图 4-28 铜塑复合管

6. 铝塑复合管及连接件

传统管材主要有金属管和塑料管两大类,然而它们都存在着明显的缺陷。金属管易生锈、易腐蚀、管道易结垢、保温性能差、笨重、施工及维修困难;塑料管抗冲击性能差,易破裂、变形,会产生渗漏。20 世纪 90 年代前后铝塑复合管的出现,改写了传统管材的历史,是继金属管道、非金属管道、塑料管之后的第四代管材。

铝塑复合管的构造如图 4-29 所示,由内外各一层聚乙烯(PE)、中间铝合金及胶接 PE 与铝之间的胶合层组成。PE 是一种清洁、无毒、无臭的塑料,耐撞击、不受气候影响、耐腐蚀、重量轻。

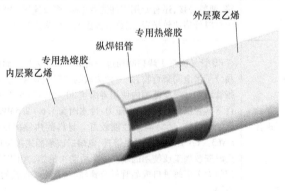

图 4-29 铝塑复合管的构造

复合管中间层为特殊铝合金，铝合金拥有金属管的耐压强度，而其高延展性及高抗拉强度使铝塑复合管容易弯曲又不反弹；外层 PE 可以保护管子不受腐蚀，内层 PE 可以使水质更清洁，使流体不与铝合金接触，延长管子的寿命。

铝塑复合压力管综合了金属管道与非金属管道的优点，耐压、耐冲击，具有较柔软的塑性变形能力，能在一定半径内任意弯曲而不反弹；更具有良好的耐燃性能以及耐蚀性，卫生无毒，可以广泛应用在自来水输送管道中。

铝塑复合管有形式多样的管接头。连接时，将螺母和 C 形压紧环套在铝塑复合管上，用铰刀将管口整圆，将接头本体塞入管中，插到底，再用扳手锁紧即可，如图 4-30 所示。

该管道与其他种类的管材、阀门、配水件连接时，应采用过渡性管件。施工中需将过渡性管件焊接在其他管材上时，应先将管件中的密封圈取出，待管件焊牢并完全冷却后才能连接铝塑复合管。

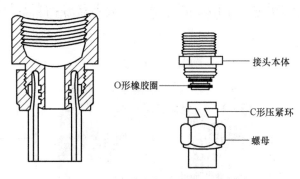

图 4-30　管接头剖面和管接头分解图

二、空调水系统管道附件

1. 阀门

阀门是调节控制水流及水压的管道附件。阀门有很多类型，如闸阀、球阀、蝶阀等。选用时，应仔细考虑装设的目的，选用的要求和方式，口径的大小，水温、水质情况，工作压力、阻力大小，造价及维修保养等问题。

（1）闸阀。闸阀又称闸板阀，是给水管上最常见的阀门。闸阀通过闸壳内滑板的上下移动来控制或截断水流，有明杆和暗杆之分。明杆式闸阀的闸杆随闸板的启闭而升降，适用于明装的管道，便于观察闸门的启闭情况；暗杆式闸门的闸板在闸杆前进的方向留一个圆形的螺孔，当闸板开启时，闸杆螺杆进入闸板孔内而提起闸板，闸杆仍不露出外面，有利于保护闸杆，适用于露天安装。闸阀的构造如图 4-31 所示。

闸阀的直径一般与安装的管道口径相同，但当管径超过 500mm 时，为了降低管网造价，可以装设较小的闸阀，不过其直径不应小于管

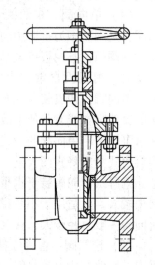

图 4-31　闸阀的构造

径的 80%。

大型闸阀的过水断面积很大，所以在闸阀开启时，由于其一面受到很大压力，使开启较难。一般在主闸侧附一个小闸阀，在开主闸前，先开启小闸阀，降低单面水压力，可使开闸省力。大型闸阀还可以采用机力启闭，如用齿轮、电动机或水力驱动等。

（2）球阀。球阀又称截止阀，靠一个类似塞子作用的结构来控制水的流动，如图 4-32 所示。球阀中水流的方向为由下而上，安装时要注意，不能反装。球阀的构造简单，价格较低，但水流阻力较大，一般只用在管径为 100mm 以下的管线上。

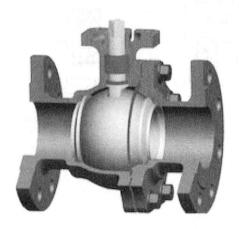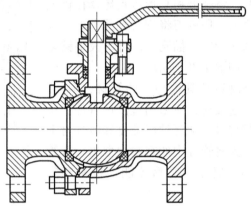

图 4-32　球阀的构造

（3）蝶阀。蝶阀的作用与一般阀门相同，其结构简单，开启方便，旋转 90°就可全开或全关。蝶阀宽度比一般阀门小，操作较简便且占地较小，小型蝶阀可手动开启，大型蝶阀用机力开启，适用于水质好的供水管线上，其构造如图 4-33 所示。

（4）单向阀。单向阀又称逆止阀或止回阀，是限制压力管道中的水流朝一个方向流动的阀门，其闸板可绕轴旋转。水流方向相反时，闸板因自重和水压作用而自动关闭。单向阀一般安装在水泵的出水管上，防止因突然断电或有其他事故时水流倒流而损坏水泵设备。单向阀的形式有很多，主要分为旋启式和升降式两大类，如图 4-34 所示。

升降式单向阀装于水平管道上，其水头损失较大，只适用于小管径管道上；旋启式单向阀一般直径较大，在水平、垂直管道上均可使用。

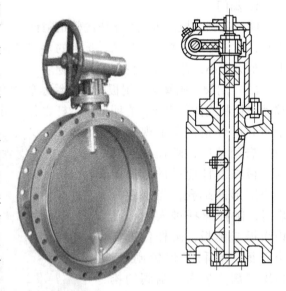

图 4-33　蝶阀的构造

（5）排气阀。管道位置较高处常聚集气体，既减小管道的过水断面，也会增大管道的阻力，因此在管道的集气处应装设排气阀，以排除集气，改善管道运行情况。排气阀有单口和双口之分。单口排气阀直径为 75mm，适用于管径在 300mm 以下的给水管。双口排气阀直

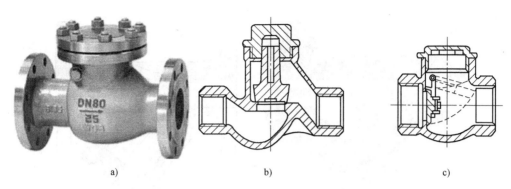

图 4-34　单向阀（止回阀）

a）外部结构　b）升降式单向阀　c）旋启式单向阀

径为 50 ~ 200mm，适用于管径为 400 ~ 2000mm 的给水管。双口排气阀的尺寸可按管道直径的 1/10 ~ 1/8 选用，单口排气阀可按管径的 1/5 ~ 1/2 选用。排气阀放在单独的阀门井内，也可和其他配件合用一个阀门井。排气阀的构造如图 4-35 所示。

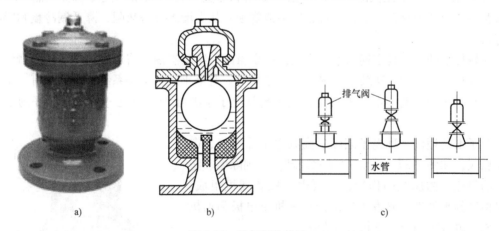

图 4-35　排气阀的构造

a）外形结构　b）阀门构造　c）安装方式

2. 除污器和水过滤器

为防止水管系统堵塞和保证各类设备及阀件的正常使用，在管路中应安装除污器和水过滤器，用以清除和过滤水中的杂物及水垢。除污器或水过滤器安装在水泵的吸入管段和换热设备的进水管上。除污器有立式直通式、卧式直通式和卧式角通式等多种形式。工程上目前比较常用的水过滤器为 Y 型水过滤器，如图 4-36 所示。它具有外形尺寸小、拆装清洗方便的特点。Y 型水过滤器的滤网孔径一般为 18 目。

除污器和水过滤器的型号都是按连接管管径选定的，连接管的管径应该与干管的管径相同。在进行阻力计算时，目前工程上常用的除污器局部阻力系数可取 4 ~ 6；水过滤器的局部阻力系数可取 2.2，它们都对应于连接管的动压。

在选用除污器和水过滤器时，应重视它们的耐压要求和安装检修的场地要求。除污器和水过滤器的前后应该设置闸阀，供定期检修时与水系统切断之用（平时处于全开状态）。安装时必须注意水流方向，在系统运转和清洗管路的初期，宜将其中的滤芯卸下，以免损坏。

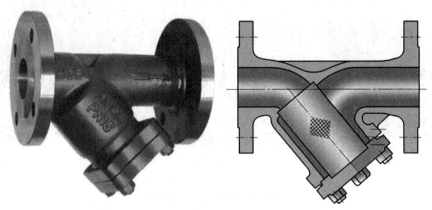

图 4-36　Y 型水过滤器

3. 电子水处理仪

空调系统循环冷（热）水和冷却水均应保持一定的水质条件。因为长时间循环使用的冷（热）水、冷却水往往由于重碳酸盐、细菌和藻类杂物等因素，使冷水机组蒸发器、冷凝器及系统中的换热盘管等换热设备结垢或腐蚀，从而增大设备热阻，降低制冷量和影响机组寿命。

比较传统的方法是定期向系统中投入一定量的药物清洗剂，将水管和设备内壁清洗干净后，彻底换水。这种方法效果明显，但费工费时，对全年运行空调系统的可靠性有一定的影响。近年来多采用电子水处理装置，其中高频电子水垢处理器就是一种效果较好的水处理装置。

电子水处理仪又称电子阻垢、高频电子除垢仪、电子阻垢仪，如图 4-37 所示。电子水处理仪起到除垢、防垢、防氧化、防腐蚀的作用，主要由主机和辅机组成。主机由高频水处理信号发生器组成；辅机由电极和辅机管组成，电极为阳极，辅机管为阴极。

电子水处理仪串接于空调循环水路上，利用高频电磁场作用于流经处理仪的水，使水分加氢键断裂，改变了原水水质的团链大分子结构；同时水分子的电子处于高能位状态，导致水分子电位下降，使水中溶解盐类的离子及带电粒子间的静电引力减弱，难以相互聚集；且水分子与器壁间电位差减小，各盐类离子趋于分散，不向器壁聚集。当这种电磁极化水流经各类受热体时，形成针状结晶，表现为一种松软、沙状软垢，便于沉淀，不易板结于受热面，还可以随水流动，通过排污渠道顺利排出。因此该设备可以防止硬垢生成。电磁极化水渗透性和偶极距增大，可浸润老垢，使之龟裂、脱落，从而完成除垢、防垢的纯物理法工作过程。同时器壁金属离解受到抑制，对无垢系统具有防腐蚀作用。

图 4-37　电子水处理仪

此外，高频电磁极化水还可以有效地杀灭水中的菌类、藻类等，有效地抑制水中微生物的繁殖。

最好在装有电子水处理仪的管段并联一旁通管路，以方便在不停机状态下对电子水处理仪进行维修保养或更换。

4. 保温管套

空调冷（热）水管、冷凝水管都需要保温，其中，采用保温管套保温是最方便的。制造保温管套的材料，除应具有良好的隔热保温性能外，还应具有良好的防潮抗水性能和防火性能。常用的保温管套材料有聚苯乙烯（自熄型）、玻璃棉、岩棉等。为了更好地隔辐射热、防潮及防止水气渗透，常在保温管套外层粘有带网格线的铝箔贴面。

近年来，国际上流行和我国正在推广采用一种新型保温材料——发泡橡胶保温材料，用这种材料制作的柔性保温管套如图 4-38 所示。这种材料采用合成橡胶发泡，使材料整体形成闭泡结构。因此，这种材料既具有优良的隔热性能［在 0℃时的热导率为 $0.034 \sim 0.38\text{W}/\,(\text{m} \cdot \text{K})$］，又能防止水气渗透，即使材料表面被划伤，也不会影响整体的防潮抗水性能。同时，它还具有较好的防火性能，是国家消防机构允许使用的难燃性建筑材料。与其他保温材料相比，发泡橡胶保温材料用材厚度薄、防潮抗水性能好、对施工人员身体无危害、施工方便，尤其适合在潮湿的地区和区域使用。

图 4-38　柔性保温套管

【典型实例】

【实例 1】 管道预制

预制加工：为了加快施工进度，保证施工质量，减少管道到位后固定位置的仰焊、死角焊，应尽量增加管道的预制工作量。应按管道单线图加工预制，同时加工组合件应便于装配、垂直运输及吊装，并且要有足够的强度。

当无缝钢管的公称直径小于等于 50mm 时，应采用机械或钢锯、管子割刀切断，断口不准有缩颈和毛刺，必须采用气焊焊接；当公称直径大于等于 65mm 时，可采用机械或氧乙炔气割割断和坡口，但表面不可有裂纹、毛刺，焊接组对的对口，焊接质量必须达到《现场设备、工业管道焊接工程施工规范》（GB 50236—2011）的要求。

当镀锌钢管采用螺纹连接时，管道螺纹应光滑完整，无毛刺乱丝，断丝长度不得超过 10%。用手拧入 2～3 牙，一次装紧不得倒回，同时要清除多余填料，并涂防锈油漆进行保护。

给水 PVC 管道采用承插粘接，用钢锯切断，断口应平整光滑，坡口倒角 10°～15°。管道与配件的粘接处表面无油腻，粘接处应用细砂皮打毛或用清洁剂进行清洗，黏合剂先涂承口后涂插口，一次插入成型。粘接后接头在 1h 内不应受外力作用，固化牢固后方可继续安装。

【实例 2】 管道阀门及附件的安装

安装阀门时应按图样要求核对阀门的规格、型号及压力等级、安装位置、介质流向和安装高度。

阀门的手柄不得向下，电动阀、调节阀等仪表阀类的阀头均应向上安装，成排管线上的阀门应错开安装，其手轮间的间距不得小于 100mm。阀门应开启方便灵活，便于操作维修。

压力表、温度计与流量计等仪表的型号、规格及安装位置应符合设计与验收规范的要求，并应便于观察检修。

课题三	空调水系统设计

【相关知识】

空调水系统设计是空调工程设计的主要内容之一。它包括水系统方案的总体构思，水系统形式的选择与分区，水系统管网的布置及走向，水系统水管的选择与管径的确定，水系统辅助设备和配件的配置与选择，水系统的防腐、保温和保护，水系统的调节与控制等。

一、空调水系统方案的构思

1. 影响空调水系统方案构思的因素

在空调工程设计的高级阶段，空调水系统方案的构思是与空调整体方案构思结合进行的，它是空调整体方案的一部分。

从大的方面看，影响空调水系统方案构思的因素有建筑物的位置、造型、规模、层数、结构、平面布置、使用功能与区域划分及空调系统（或空调方式）的选择与分区等。从细节上看，建筑物中中央机房、空调机房（含新风机房）的设置，设备层的安排，管井的布局，管孔的预留，屋面结构及布置等都与水系统方案的构思紧密相关。此外，构思空调水系统方案时，还需兼顾生活水系统、消防水系统、空调风道系统、建筑电气系统和室内装修等的方案，协调统筹考虑。

2. 空调水系统方案构思的主要内容

(1) 水系统形式的选择与分区。

(2) 水系统的调节与控制。

(3) 水系统辅助设备和配件的配置与选择。

(4) 水系统管网布置及走向。

(5) 水系统的防腐、保温和保护等。

二、空调冷（热）水系统设计

1. 冷（热）水系统形式的选择与分区

本单元课题一已经介绍了空调冷（热）水系统的一些典型形式和选择原则，这里不再重复。冷（热）水系统的分区与空调系统的分区是结合考虑的，一般是一致的。

(1) 集中式系统的分区设置。对于一间面积较大的空调房间，应考虑管道布置方便、采集新风和回风方便，力求与防火分区一致。同一楼层有几个不同功能的大面积房间，应按房间的使用功能分区设置集中式系统。当使用功能不同的大面积房间分别布置在不同楼层时，如果能够采用集中式空调系统，则可按楼层分区设置集中式系统。

（2）风机盘管加独立新风系统的分区。当建筑物的规模较大时，视调节控制、管道布置和安装及管理维修是否方便，可分区设置风机盘管加独立新风系统。风机盘管加独立新风系统既可按楼层水平分区，也可按朝向垂直分区。

按楼层水平分区时，视一层空调规模的大小，可将一层作为一区，或将一层分为几区。每一分区的供水和回水干管是水平布置的，并与竖向的供水和回水总管相连接。

按朝向垂直分区时，每一分区的供水和回水干管是竖向布置的，并与水平的供水和回水总管相连接。高层建筑的层数较多时，往往每相隔约20层有一设备层。这时，常以相邻两设备层之间的楼层（或设备层上下各10层）为一段，按朝向垂直分区。每一段的供水和回水总管水平布置在设备层中。

当各分区的室内空气设计状态不同或每一分区的规模较大时，新风机宜与分区对应，即每一分区设置一台新风机；当各分区的室内空气设计状态相同、使用时间也相同、各区规模又较小时，只要能选择到有足够风量、冷量（或热量）和机外余压的新风机，且管道布置没有困难，也可几个分区共用同一台新风机。

新风机分层设置时，新风管是水平布置的。按朝向垂直分区时，新风机设置在设备层或屋面上，新风干管是竖向布置的。

2. 冷（热）水系统水管管径的确定

（1）连接各空调末端装置的供、回水支管的管径，宜与设备的进出水接管管径一致，可查产品样本获知。

（2）供、回水干管的内径 d_i（单位为 mm），可根据各管段中水的体积流量 q_v（L/s）和选定的流速 v（m/s），通过计算确定，因为 $q_v \times 10^6 = \frac{\pi}{4} d_i^2 v \times 10^3$（$1L = 10^6 mm^3$，$1m/s = 10^3 mm/s$）所以

$$d_i = 20 \sqrt{\frac{10 q_v}{\pi v}} \qquad (4-1)$$

式中，计算管段的水流量 q_v 由该管段所承担的各空调末端装置的总设计水量决定；流速 v 可参照表4-4所列的不同公称直径下的最大允许速度选定。算出 d_i 后，对照表4-4查取适合的公称直径 DN 即可（注意：查表4-4时，管内径为管外径与两倍壁厚之差）。为节省管材，在选择管径时，沿水流方向供水干管的管径是逐段减小的；同程式回水干管的管径是逐段增大的。但为了施工方便，变径也不宜太多。

表4-4　管内水的最大允许速度

管公称直径 DN /mm	最大允许速度 $v/(m/s)$	管公称直径 DN /mm	最大允许速度 $v/(m/s)$
<15	0.30	50	(1.00)
20	0.65	70	(1.20)
25	0.80(0.70)	80	(1.40)
32	1.00(0.80)	100	(1.60)

（续）

管公称直径 DN /mm	最大允许速度 v/(m/s)	管公称直径 DN /mm	最大允许速度 v/(m/s)
40	1.50(1.00)	125	(1.90)
>40	1.50(见右侧)	≥150	(2.00)

注：括号内的值是另一种建议值，供参考。

3. 供、回水集管

供水集管又称分水器（或分水缸），回水集管又称为集水器（或回水缸）。它们都是一段水平安装的大管径钢管。各台冷水机组（或热水器）生产的冷（热）水均先送入供水集管，再经与供水集管相连的各子系统或分区的供水干管向各子系统或各区供水；各子系统或各区的空调回水，与回水集管相连的各回水干管先回流至回水集管，然后再进入各冷水机组（或热水器）。供、回水集管安装在中央机房内，各子系统或各区的供回水干管及其上的调节截止阀都在机房内与供、回水集管连接，以便于安装和维修操作。

供、回水集管的管径，按其中水的流速大致控制在 0.5 ~ 0.8m 的范围内，并应大于最大接管开口直径的 2 倍。

供、回水集管的管长由所需连接的管接头个数、管径及间距确定。两相邻管接头中心线间距宜为两管外径加 120mm；两边管接头中心线距集管端面宜为管外径加 60mm，如图 4-39 所示。

供、回水集管底部应设排污管接头，一般选用管径为 DN40。

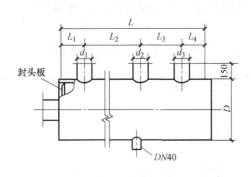

配管间距表

L_1	d_1+60
L_2	d_1+d_2+120
L_3	d_2+d_3+120
L_4	d_3+60

图 4-39 供、回水集管的构造简图

4. 冷水泵的配置与选择

（1）配置。每台冷水机组应各配置一台冷水泵。考虑维修需要，宜有备用水泵，并预先接在管路系统中，可随时切换使用。例如有两台冷水机组时，常配置三台冷水泵，其中一台为可切换使用的备用泵。若冷水机组蒸发器或热水器有足够的承压能力，可将它们设置在水泵的压出段上，这样有利于安全运行和维护保养。若蒸发器或热水器的承压能力较小，则应设在水泵的吸入段上。冷水泵的吸入段上应设过滤器。

（2）选择。通常选用比转数 n_s 为 30 ~ 150 的离心式清水泵。水泵的流量应为冷水机组额定流量的 1.1 ~ 1.2 倍（单台工作时取 1.1，两台并联工作时取 1.2）；水泵的扬程应为其承担的供、回水管网最不利环路的总水压降的 1.1 ~ 1.2 倍。最不利环路的总水压降包括冷水机组蒸发器的水压降 Δp_1、该环路中并联的各台空调末端装置的水压损失最大的一台空调

的水压降 Δp_2 及该环路中各种管件的水压降与沿程压降之和。冷水机组蒸发器和空调末端装置的水压降，可根据设计工况从产品样本中查知；环路管件的局部损失及环路的沿程损失应经水力计算求出，在估算时，可大致取每 100m 管长的沿程损失为 $5\text{mH}_2\text{O}$。这样，若最不利环路的总长（即供、回水管管长之和）为 L，则冷水泵的扬程 H 可按下式估算

$$H_{\max} = \Delta p_1 + \Delta p_2 + 0.05L(1 + K) \tag{4-2}$$

式中，K 为最不利环路中局部阻力当量长度总和与直管总长的比值。当最不利环路较长时，K 取 $0.2 \sim 0.3$；最不利环路较短时，K 取 $0.4 \sim 0.6$。

表 4-5 中列出了空调工程常用的高效节能型水泵系列；图 4-40 为 IS 系列离心水泵性能曲线图。

表 4-5　空调工程常用的高效节能型水泵系列

结构形式	系列	流量范围		扬程范围		取代的系列
		L/s	m³/h	kPa	mH₂O	
单级、单吸、悬臂式	IS	1.75 ~ 111	6.3 ~ 400	49 ~ 1226	5 ~ 125	BA
单级、双吸、中开式	S	38.9 ~ 561	140 ~ 2020	98 ~ 931	10 ~ 95	SH
多级、单吸、分段式	TSWA	4.17 ~ 53.1	15 ~ 191	165 ~ 2865	16.8 ~ 292	TSW

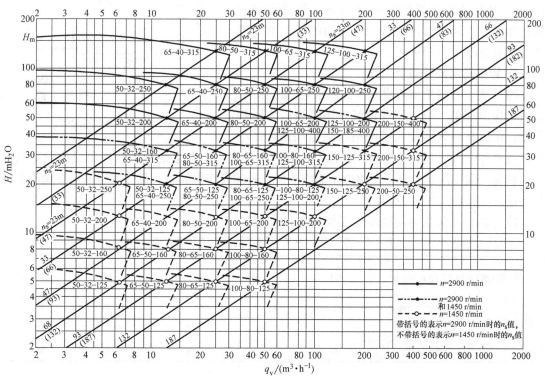

图 4-40　IS 系列离心水泵性能曲线图

5. 热水泵的配置与选择

以夏季空调送冷为设计工况的空调系统，在冬季可以切换接热源，变成循环热水向空调

区域送暖风。这样就引出一个热水循环泵的配置与选择问题。

如果通过热负荷计算和设备选型，系统热水流量与冷水流量相同或相差不大，则可以不另外设置热水泵，直接用冷水泵作为热水泵使用，只要注意冷水泵选型时能承受60℃的温度即可。这是一种比较理想的状态。

如果热水流量与冷水流量相差较大，则应该在系统中增设与热水系统相匹配的热水泵，以避免冬季送暖时"大马拉小车"而造成浪费和系统运行失调。热水泵的配置原则和选择计算方法与冷水泵相同，在此不再赘述。还有一种办法就是采用双速水泵，其夏季作为冷水泵使用时高速运行，冬季作为热水泵使用时低速运行，这样在不增加水泵台数的情况下可以比较好地解决水泵与冷热水系统配套的问题。但这种方法受到水泵型号的限制。

如果系统容量较小或冬季送暖的时间不长，为不增加一次性投资和简化系统，即便是冷热水流量相差较大，也允许使用同一套循环水泵，只要在季节替换时对系统管路做适当调节即可。

6. 膨胀水箱的配置与选择

在冷（热）水系统最高处应配置一个膨胀水箱，且应连接在水泵的吸入侧，如图4-14所示。视空调系统规模大小，膨胀水箱的有效容积取 0.5 ~ 1.0m³。膨胀水箱配管如图4-41所示。膨胀水箱应加盖和保温，用带有网格线铝箔贴面的玻璃棉保温时，保温层厚度为25mm。

7. 管道防腐与保温

冷（热）水系统所有供水管和回水管都应保温，且在敷保温层前，应先刷两道红丹防锈漆。为隔辐射热，保温材料表面应用带网格线铝箔贴面。制冷

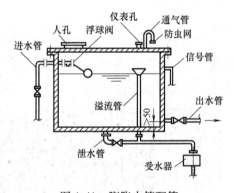

图 4-41　膨胀水箱配管

机房或户外的冷（热）水管道在保温后应外包保护层，即包裹油毡玻璃丝布或涂抹石棉水泥保护壳。需要注意的是，采用玻璃棉或矿渣棉制的管壳保温时，只宜使用油毡玻璃丝布做保护层。

冷（热）水管保温层的厚度可参考表4-6选用。

表4-6　冷（热）水管保温层的厚度选用参考表

冷（热）水管公称直径 DN/mm		≤32	40 ~ 65	80 ~ 150	200 ~ 300	>300
保温层厚度 /mm	聚苯乙烯（自熄型）	40 ~ 45	45 ~ 50	55 ~ 60	60 ~ 95	70
	玻璃棉	35	40	45	50	50
	发泡橡胶	6	9	9	9	9

三、空调冷却水系统设计

1. 冷却水泵和冷却塔的配置

通常一台冷水机组配置一台冷却水泵，并且应有备用冷却水泵。例如，两台冷水机组常

设三台冷却水泵，其中一台为备用泵，并预先连接在冷却水管路系统中，可切换使用。

为利于安全运行和维护保养，冷水机组的冷凝器宜设在冷却水泵的压出段上。冷却水泵的吸入段应设过滤器。

以便于调节控制冷水机组运行为原则，冷却塔的配置可以是一台冷水机组对应一座冷却塔，也可以是同时投入运行和同时撤出运行的几台冷水机组共用一座冷却塔。

2. 冷却水系统管径的确定

一台冷水机组配置一座冷却塔和一台冷却水泵时，冷却水系统管路的管径可按冷却塔的进出水接管管径确定。

一座冷却塔与几台冷水机组对应时，各台冷水机组的冷却水进、出水管管径与该冷水机组冷凝器冷却水接管管径相同。冷却塔的进、出水管管径与冷却塔的进、出水接管管径相同。

多座冷却塔并联运行时，应设进水干管和出水干管。进水干管的流量为各冷却塔流量之和，流速约为 0.8m/s，按式（4-1）可算出进水干管所需内径。为使各冷却塔出水量均衡，一是应用连通管（又称均压管或平衡管）将各冷却塔的接水盘连接起来，并使连通管的管径与进水干管的管径相同；二是冷却塔出水干管宜采用比进水干管大两号的集管，并用 45°弯管与各冷却塔的出水管连接。

3. 冷却水泵的选择

（1）冷却水泵的流量应为冷水机组冷却水量的 1.1 倍。

（2）冷却水泵的扬程应为冷水机组冷凝器水压降 Δp_1、冷却塔开式段高度 Z、管路沿程损失及管件局部损失四项之和的 1.1 ~ 1.2 倍。Δp_1 和 Z 可从有关产品样本中查得；沿程损失和局部损失应通过水力计算求出，做估算时，管路中管件局部损失可取 $5mH_2O$，沿程损失可取每 $100m$ 长为 $5mH_2O$。若冷却水系统来回管长为 L（m），则冷却水泵所需扬程的估算值 H 为

$$H = \Delta p_1 + Z + 5 + 0.05L \tag{4-3}$$

（3）依据冷却水泵的流量和扬程，可参考有关水泵性能参数表选用冷却水泵。

4. 冷却塔的选择

（1）一般情况下，一台冷水机组配置一座冷却塔。多座冷却塔并联运行时，各冷却塔的进水管均应设调节阀，并用均压管（又称平衡管）将各冷却塔的接水盘连接起来。均压管管径应与进水干管管径相同。为使各冷却塔出水量均衡，冷却塔出水干管宜采用比进水干管大两号的集管，并用45°的弯管与各冷却塔的出水管相连接。

（2）选择冷却塔的主要依据是冷却循环水量，初选的冷却塔的名义流量应满足冷水机组要求的冷却水量，同时冷却塔的进水、出水温度应分别与冷水机组冷凝器的出水和进水温度相一致，并校核所选冷却塔的结构尺寸、运行重量是否符合现场安装条件。

冷却塔的冷却能力与大气的气象参数有密切联系，相同的冷却塔在不同气象条件下，其冷却能力（即冷却水量）是不同的。因此，在非标准状况下，应根据各状态参数，参照厂家提供的设计选型表或图进行修正来选型。某水塔产品的设计选型图如图 4-42 所示（见书后插页）。进行冷却塔选型时应考虑一定余地，在工程设计时，一般按制冷机样本所提供的冷却循环水量的 110% ~ 115% 进行选型。其原因主要有：①设计冷却塔时，湿球温度为 28℃，冷水温度为 32℃，出水温度为 37℃，冷水温度与湿球温度的差为 4℃，而某些制冷

机参数要求，制冷机进水温度为30℃，对于中南地区，湿球温度一般在27～29℃，冷却后水温难以达到30℃；②考虑到布置冷却塔时受周围环境影响，冷却效果达不到设计要求，如多塔布置受空气回流的影响和建筑物塔壁、广告牌对气流通畅的影响；③冷却塔自身质量会影响其热工性能；④降低冷却塔出水温度有利于制冷机高效运转。空调制冷机组用电量很大，远远高于冷却循环水系统，包括冷却塔风机的用电量。进行冷却塔选型时适当放大，对于制冷机高效运转和节约运转费用有很大好处。

（3）根据冷却塔安装位置的高度和周围环境对噪声的要求，进一步确定选用普通型、低噪声型还是超低噪声型冷却塔，以最小限度满足噪声要求为准。民用建筑冷却塔一般选择超低噪声逆流冷却塔。逆流冷却塔冷却水与空气逆流接触，热交换率高，当循环水量容积散质系数相同时，填料容积比横流式要少20%～30%。对于大流量的循环系统，可以采用横流冷却塔。横流冷却塔高度比逆流冷却塔低，结构稳定性好，有利于建筑物立面布置和外观要求。如果冷却循环水的水质要求很高，或者冷却塔周围的空气污染较严重，含尘浓度较高，则有必要考虑选用密闭式冷却塔（蒸发式冷却塔）。

（4）校核所选冷却塔的结构尺寸、运行重量是否符合现场安装条件。

5. 保温

室内的冷却水管及室外暗装的冷却水管是不需要保温的。在较炎热的地区和日照较强烈的地方，室外明装的冷却塔出水管需要保温。保温材料采用带有网格线铝箔贴面的玻璃棉时，其厚度可取25mm。

四、空调冷凝水排放系统设计

1. 冷凝水管布置

当空调器邻近处有下水管或地沟时，可用冷凝水管将空调器接水盘所接的凝结水排放至邻近的下水管中或地沟内。

若相邻近的多台空调器距下水管或地沟较远，需用冷凝水干管将各台空调器的冷凝水支管和下水管或地沟连接起来。

2. 冷凝水管管径的确定

直接和空调器接水盘连接的冷凝水支管管径应与接水盘接管管径一致（可从产品样本中查得）。

需设冷凝水干管时，某段干管的管径可依据与该管段连接的空调器的总冷量 Φ（kW）按表4-7选定。

表4-7　冷凝水干管管径的选择

干管承担冷量 Φ /kW	干管公称直径 DN /mm	干管承担冷量 Φ /kW	干管公称直径 DN /mm
≤7	20	177～598	50
7.1～17.6	25	599～1055	80
17.7～100	32	1056～1512	100
101～176	40		

$DN=15$mm 的管道不推荐使用。立管的公称直径应与同等负荷的水平干管的公称直径

相同。

3. 冷凝水管保温

所有冷凝水管都应保温，以防冷凝水管温度低于局部空气露点温度时，其表面结露滴水。采用带有网格线铝箔贴面的玻璃棉保温时，其保温层厚度可取 25mm。

【典型实例】

【**实例 1**】图 4-43 所示为风机盘管系统某一分区供水管路示意图（回水管路未画出）。图中上侧 6 个风机盘管中每一个的设计水量均为 0.1L/s；下侧 5 个风机盘管中每一个的设计水量均为 0.14 L/s。所有风机盘管的进出水接管管径均为 $DN20$。试确定各管段的管径。

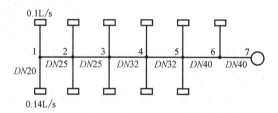

图 4-43　风机盘管某一分区供水管路

解：

（1）连接各风机盘管的所有供水支管，管径均与接管管径一致，即皆为 $DN20$。

（2）计算和选择各段干管管径（选用镀锌钢管）。

1—2 段：$q_v = (0.1 + 0.14)\text{L/s} = 0.24\text{L/s}$。干管管径应不小于支管管径，取 $DN25$ 试算。查表 4-4，$DN25$ 允许的最大流速 $v = 0.80\text{m/s}$。将 $q_v = 0.24\text{L/s}$、$v = 0.8\text{m/s}$ 代入式（4-1），算得 $d_i = 19.55\text{mm}$。查表 4-1，算得 $DN25$ 的内径 $d_i = (33.5 - 2 \times 3.25)\text{mm} = 27\text{mm} > 19.55\text{mm}$，因此实际流速小于 0.8m/s，故选 $DN25$ 适合。

2—3 段：$q_v = (0.24 + 0.1 + 0.14)\text{L/s} = 0.48\text{L/s}$，取 $v = 0.8\text{m/s}$，代入式（4-1），算得 $d_i = 27.65\text{mm}$，略大于 27mm，若选 $DN25$，实际流速将为 0.84m/s，较允许的 0.8m/s 略大，但大得不多，为节省钢材和减少变径困难，仍选 $DN25$。

3—4 段：$q_v = (0.48 + 0.1 + 0.14)\text{L/s} = 0.72\text{L/s}$，取 $v = 1.0\text{m/s}$ 代入式（4-1）算得 $d_i = 30.28\text{mm}$。查表 4-1，$DN32$ 的内径 $d_i = (42.25 - 2 \times 3.25)\text{mm} = 35.75\text{mm} > 30.28\text{mm}$，可选 $DN32$，实际流速小于 1.0m/s，符合要求。

4—5 段：$q_v = (0.72 + 0.1 + 0.14)\text{L/s} = 0.96\text{L/s}$，取 $v = 1.0\text{m/s}$，代入式（4-1），算得 $d_i = 34.97\text{mm}$ 小于 35.75mm，故可选 $DN32$，实际流速小于 1.0m/s，符合要求。

5—6 段：$q_v = (0.96 + 0.1 + 0.14)\text{L/s} = 1.2\text{L/s}$，取 $v = 1.5\text{m/s}$，代入式（4-1），算得 $d_i = 31.92\text{mm}$，似乎可选 $DN32$，但实际流速将为 1.1m/s，大于允许流速 1.0m/s，故不可。改选 $DN40$，查表 4-1，其内径 $d_i = (48 - 2 \times 3.5)\text{mm} = 41\text{mm} > 31.92\text{mm}$，实际流速小于 1.5m/s，符合要求。

6—7 段：$q_v = (1.2 + 0.1)\text{L/s} = 1.3\text{L/s}$，取 $v = 1.5\text{m/s}$，代入式（4-1），算得 $d_i = 33.23\text{mm} < 41\text{mm}$，选 $DN40$，实际流速小于 1.5m/s，符合要求。

【**实例 2**】若需将上例中的干管 7—1 延长为 7—1—0，以向该区的新风机供水，新风机的水量为 1.2m/s，接管管径为 $DN50$，试重新确定各管段直径（其他条件与上例相同）。

解：最尾段干管 0—1 管径应与新风机接管管径一致，即取 $DN50$，因此，1—7 段干管管径不应小于 $DN50$。若能取 $DN50$，则可使得选用的该区干管管径在题设条件下为最小，且不需变径。现校核选 $DN50$ 是否符合要求。此时管内最大流量（在 6—7 段）为 $q_v = (1.2 +$

1.3）L/s＝2.5L/s，$DN50$ 允许的最大流速为 1.5m/s，代入式（4-1），算得 $d_i = 46.08$mm。$DN50$ 的内径 $d_i = (60 - 2 \times 3.5)$mm ＝ 53mm ＞ 46.08mm。可见选用 $DN50$ 时，管内实际最大流速（出现在 6—7 段）小于 1.5m/s，故符合要求。因此，全干管段 7—1—0 均取 $DN50$。

【实例 3】 一空调冷水系统由一台水泵驱动，其设计循环水量为 180m³/h，系统计算流动阻力为 28.5mH₂O，试用图 4-40 来确定水泵型号。

解： 已知 $q_{vmax} = 180$m³/h，$H_{max} = 28.5$mH₂O，依前所述，取安全系数为 1.1，则

$$q_v = 1.1q_{vmax} = 198\text{m}^3/\text{h}$$

$$H = 1.1H_{max} = 31.35\text{m}^3/\text{h}$$

查图 4-40，选用 IS150—125—315 型水泵，其最高效率点的流量为 200m³/h，扬程为 32mH₂O，满足要求。

【实例 4】 某一冷却水系统循环水量为 350m³/h，冷却塔进水温度为 37℃，出水温度为 32℃，室外空气湿球温度为 28℃，冷幅（出水温度与湿球温度之差）为 4℃，水温差（冷却塔进出水温差）为 5℃。试用图 4-41 来选择合适的冷却塔。

解： 如图 4-41 所示：从 4℃冷幅高点上画一条平行线，找出与 5℃温差斜线的交点 A；再在 A 点上画一条垂直线，找出与 28℃湿球温度斜线的交点 B；过 B 点再作平行线，同时在 350 m³/h 水量点上画一垂直线，两者交点为 C。C 点在 SR—370 和 SR—330 斜线之间，故选用的冷却塔型号应该是 SR—370。

课题四　空调水系统施工

【相关知识】

空调水系统应按照施工规范及设计图样进行施工。

一、空调水系统的施工规范

1. 水系统管道安装的施工规范

应按照《建筑给水排水及采暖工程施工质量验收规范》（GB 50242—2002）中的有关规定执行。

2. 水系统管道防腐和保温的施工规范

应按照《建筑给水排水及采暖工程施工质量验收规范》（GB 50242—2002）和《通风与空调工程施工质量验收规范》（GB 50243—2002）中的有关规定执行。

3. 冷却塔安装的施工规范

应按照《通风与空调工程施工质量验收规范》（GB 50243—2002）中的有关规定执行。

4. 水泵安装的施工规范

应符合《机械设备安装施工技术规范》第一册《通用规定》的要求。

二、施工工艺标准及标准图集

1. 施工工艺标准

可参见北京市建筑工程总公司所编《建筑设备安装分项工程施工工艺标准》第一篇中

的有关内容（中国建筑工业出版社）；或参见强十渤、程协瑞主编的《安装工程分项施工工艺手册》（中国计划出版社）第一分册和第三分册中的有关内容。

2. 标准图集

详见现行全国标准图集《通风与空调工程标准图集》，如：

（1）236. Tg 905 – 1 方形膨胀水箱。

（2）237. Tg 905 – 2 圆形膨胀水箱。

（3）244. 90T911　IS 型离心水泵基础及安装。

三、安装空调水系统时应注意的问题

1. 水系统管道安装与保温应注意的问题

（1）冷水机组、水泵等管道的进出口处，均安装工作压力为 1MPa（高层建筑按设计指定的工作压力值）的球形橡胶减振软接头。

（2）所有自动或手动阀门的公称压力应为 1MPa（高层建筑按设计指定的公称压力），阀门手柄禁止向下安装。DN80 及以下的阀门均采用螺纹阀，DN100 及以上的阀门均采用法兰式阀门（要求配带双法兰）。法兰垫片采用 3～4mm 厚的橡胶石棉垫片。

（3）冷（热）水系统所有立管的最高点都应安装自动排气阀；最低点设手动排污放水阀。

（4）竖向安装的水管必须垂直，不得有倾斜偏歪现象，竖管在每层楼板上设置支架。

（5）从水平管接出的支管，一般应从顶部或侧面接出，不能接成∩形弯，以免产生气阻。

（6）凡暗装于顶棚上或管井内的水管，在设有阀门处，都必须设置检查门或活动顶棚检修孔。

（7）在水泵的吸入管和热交换器的进水管上，以及如自动排气阀等小通径阀前的管路上，都应安装除污器或水过滤器，用以清除和过滤水中的杂质，防止管路堵塞和保证各类设备。阀件的正常功能。现在使用 Y 型水过滤器的较多。除污器和水过滤器前后应设置闸阀，以便检修。清洗管路时，应把滤芯卸下，以免损坏。

（8）钢管管道支、吊、托架的做法和使用材料可参阅《全国通用暖通空调标准图集》（T9 N112），间距可参考表 4-8 选定。支吊点膨胀螺栓规格：双管吊点当管径小于 DN40 时，用 M10；DN50～DN100 用 M12；DN125～DN400 用 M16；多管吊点一律用 M16。

表 4-8　钢管管道支、吊、托架的最大间距　　　　　　（单位：m）

公称直径 DN /mm		15	20	25	32	40	50	65	80	100	125	150	200	250	300
最大间距	保温管	1.5	2.0	2.0	2.5	3.0	3.0	4.0	4.0	4.5	5.0	6.5	7.0	8.0	8.5
	不保温管	2.5	3.0	3.5	4.0	4.5	5.0	6.0	6.0	6.5	7.0	8.0	9.5	11.0	12.0

（9）在立管上，为避免保温层下坠，应在立管上每隔 2～3m 预先焊上高 20mm 的 25mm×4mm 扁铁 2～3 块，然后再包保温层。

（10）安装空调冷（热）水管时，应避免因与金属支架直接接触而产生冷桥。在冷（热）水管与支架间应隔以木垫，木垫需先做防腐处理。

（11）采用保温管壳保温时，接缝应置于管道侧面。管壳的纵横向接缝应错开，接缝处除用胶黏剂粘接外，还要用带有网格线铝箔的胶带封口。

（12）冷凝水管的水平段应有不小于 0.01 的坡度，坡向应与预定的水流排放方向一致。

2. 安装膨胀水箱应注意的问题

膨胀水箱应该连接在冷（热）水水泵的吸入侧，而且箱底标高至少要高出水管系统最高点 1m，箱体与系统的连接管尽量从箱底垂直接入。

3. 安装冷却塔应注意的问题

（1）安装场地的承载能力。冷却塔选定后，从产品样本查知所选冷却塔的运行重量及安全系数，校核安装地基承载能力。

（2）安装场地的环境条件。冷却塔宜安装于屋面或空气流畅处，避免安装在烟尘多、有热源、有异物坠落的场所，不适于安装在有腐蚀性气体产生之处，如烟囱旁边、温泉地区等。

（3）安装空间。相邻两座冷却塔塔体间的最短距离应大于一座塔塔体最大直径的一半，冷却塔入风口端与平行建筑物之间的最短距离应大于塔体高度，冷却塔位置必须预留适当空间，以便配管。

（4）配管。配管大小应与塔体接管尺寸一致，循环水出入水管的配管应避免突然升高，循环水出入水管和冷却水泵的安装标高的最大值也应低于正常运行中接水盘中的水面，大于 $DN100$ 的循环水出入口接管处宜装防振软管。

（5）安装。冷却塔基础需按规定尺寸预埋好水平放置的钢板，以机械安装基础的公差为准；在用地脚螺栓连接时，地脚螺栓应旋紧；冷却塔的基础若要加装避振器时，冷却塔的支持脚与避振器间必须装设整体底座，以免受力不均导致冷却塔损坏。

【典型实例】

【实例 1】 管道的水压试验

管道系统安装后，为检查管道各连接处的严密性，在保温或保冷前应进行水压试验。应根据系统的具体情况采取分区、分层和系统试压相结合的方法，一般系统应采用系统试压方法。试压前应将与设备连接的法兰拆除，用盲板对设备进行隔断。

水压试验装置如图 4-44 所示。

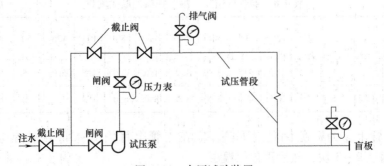

图 4-44　水压试验装置

强度试验压力通常约为表压 0.9MPa；严密性试验压力约为 0.6MPa。试验用压力表需经预校验合格，精度不低于 1.5 级，表的满刻度值应为最大试验压力的 1.5～2.0 倍，使用的压力表不少于两个。按照以下步骤进行水压试验：

（1）用压缩空气吹除管内杂物，再用清水冲洗管道（水速取 1.0～1.5m/s），边冲洗边用小锤敲打管道，直至排水处水色透明为止。

（2）打开试压管段高处各排气阀，向系统内注水，灌满水后关闭排气阀和进水阀。

（3）用临时和试压管段串接的手摇或电动试压泵逐渐加压，分 2～3 次加到要求的试验压力。在加压过程中，每升高一定压力后应停止加压并检查管道，无问题时再继续加压。

（4）当指示压力达到 0.9MPa 时停止加压，保持 30min，若压力降不超过 0.02MPa，管道无渗漏和变形，则强度试验合格。

（5）强度试验合格后，将试验压力降至 0.6MPa，保持 2h，对管道进行全面检查，并用质量为 1.5kg 以下的小锤，在距焊缝 15～20mm 处沿焊缝方向轻轻敲击，若焊缝及管道的法兰连接处均无渗漏且压力表指示值不下降，则严密性试验合格。

【实例 2】　膨胀水箱的安装实例

膨胀水箱已成为空调水系统中的主要部件之一，其一般设置在系统的最高点处，通常接在循环水泵吸水口附近的回水干管上。膨胀水箱有膨胀管、循环管、信号管、给水管、溢水管及排水管等。对于膨胀水箱在屋顶直接补水的，其构造如图 4-45 所示。各接管在系统中的连接位置如下：

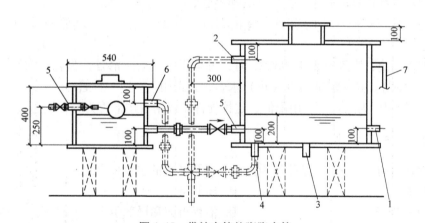

图 4-45　带补水箱的膨胀水箱

1—循环管　2、6—溢水管　3—膨胀管　4—排水管　5—给水管　7—信号管

（1）膨胀管：因温度升高而引起水的体积增加时，将系统中的水转入膨胀水箱。空调水系统为机械循环系统，应接至水泵入口前的位置，作为系统的定压点。

（2）循环管：当水箱和膨胀管可能发生冻结时，用来使水正常循环。循环管接至系统定压点前水平回水干管上，使热水有一部分缓慢地通过膨胀管而循环，防止水箱里的水结冰。

（3）信号管：又称检查管，用于监督水箱内的水位，一般接至机房内的水池或排水沟，便于检查膨胀水箱内是否断水。

（4）溢水管：用于排出水箱内超过规定水位的多余水，系统内的水受热膨胀而体积增加，超出水箱的容积时，通过溢水管排至附近的下水管道或屋面上。

（5）排水管：用于排污和排空水箱内的水，与溢水管连接在一起，将水排至附近的下水管道或屋面上。

【习题】

一、填空题

1. 空调冷水系统按是否与大气相通分为_____和_____。按供、回水管道个数可分为_____、_____和_____。按供水管道长度是否相等可分为_____、_____。按流量是否发生变化可分为_____和_____。按水泵的数量可分为_____和_____。

2. 冷却水系统的供水方式一般可分为_____、_____、_____。

3. 二次泵系统是指冷、热源侧与负荷侧均_____，冷热源侧水泵称为_____。

4. 布置空调水管网应注意管网的布局，尽量使系统水力平衡，不平衡时适当采用_____。

5. 水过滤器安装在水泵的_____和热交换设备的_____。

6. 循环式冷却水系统的工作过程是：冷却水经过制冷机组_____等设备吸热而升温后，将其输送到喷水池和冷却塔，利用蒸发冷却的原理，对冷却水进行_____。

7. 空调水系统管材可分为_____、塑料管、_____三类。

8. 空调水系统管道材料的选择主要依据其承受的_____、埋管条件和_____情况等。

9. 空调水系统，当管径小于 $DN125$ 时，可采用_____钢管，当管径大于 $DN125$ 时，采用_____钢管。高层建筑的冷（热）水管，宜选用_____钢管。

10. 铜管的配件为_____用配件，这种配件是以给水用铜管为材料_____成形的。

二、选择题

1. 计算管路的（   ），以此作为选择循环泵扬程的主要依据之一。
A. 沿程阻力　　　　　　　　　　B. 局部阻力
C. 流量和管径　　　　　　　　　D. 沿程阻力和局部阻力

2. 冷却水进出口管路应选用（   ）。
A. 止回阀　　　　　　　　　　　B. 球阀
C. 蝶阀　　　　　　　　　　　　D. 截止阀

3. 水流需双向流动的管段上，不得使用（   ）。
A. 闸阀　　　　　　　　　　　　B. 电动调节阀
C. 截止阀　　　　　　　　　　　D. 蝶阀

4. 闭式空调冷水系统的阻力包括冷水机组阻力、调节阀阻力、（   ）、管路阻力。
A. 空调末端装置阻力　　　　　　B. 风阀阻力
C. 动态阻力　　　　　　　　　　D. 静态阻力

5. 衡量冷却塔的冷却效果，通常采用的两个指标是（   ）。
A. 冷却水温差和空气温差　　　　B. 冷却水温差和冷却幅度

C. 冷却水湿球温度和冷却水温差　　　D. 冷却水露点温度和冷却水温差

6. 黄铜管的连接和钢管一样，一般采用（　　　）。

A. 螺纹连接　　　　　　　　　　B. 法兰连接

C. 焊接　　　　　　　　　　　　D. 插接

7. 铜塑复合管是新型管材，其外层为硬质塑料，内层为（　　　）。

A. 铝管　　　　　　　　　　　　B. 铜管

C. 黄铜管　　　　　　　　　　　D. 钢管

8. 铝塑复合管由内外各一层（　　　）、中间铝合金及胶接 PE 与铝之间的胶合层组成。

A. 聚丁烯　　　　　　　　　　　B. 聚丙烯

C. 聚乙烯　　　　　　　　　　　D. 合成材料

9. 除污器或水过滤器安装在水泵的吸入管段和换热设备的（　　　）管上。

A. 上水　　　　　　　　　　　　B. 回水

C. 出水　　　　　　　　　　　　D. 进水

10. 供、回水集管底部应设排污管接头，一般选用的管径为（　　　）。

A. $DN40$　　　　B. $DN60$　　　　C. $DN25$　　　　D. $DN32$

三、简答题

1. 说明同程式和异程式水系统的特征及优缺点。

2. 简述影响水系统方案构思的因素。

3. 简述水系统方案构思的主要内容。

4. 如何配置冷水泵？

5. 安装冷却塔应注意哪些问题？

单元五

冷库给排水系统管网设计

　　冷库用水的范围很广，用水量也较大，如冷凝器的冷却用水，一些加工过程如鱼虾清洗、肉类屠宰、制冰用水及生活、消防用水等。因此，冷库给排水工程的设计合理与否，将直接关系到制冷系统的正常运行、常年运转费用以及产品质量等。

内 容 构 架

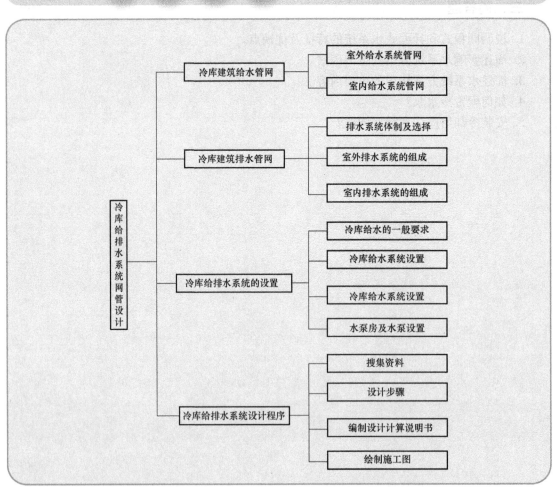

【学习引导】

目的与要求

1. 熟悉冷库建筑给水管网的类型、组成、给水方式的特点及应用。
2. 熟悉冷库排水系统体制、类型及组成，能正确选择冷库排水系统的形式及材料。
3. 掌握冷库给水的一般要求，能对冷库给排水系统的结构进行简单的设计布置。
4. 熟悉冷库给排水设计程序，能协助主要技术人员进行冷库给排水系统的辅助性设计。

重点与难点：

学习难点：冷库给排水设计程序及步骤。

学习重点：

1. 冷库建筑给水管网的类型、组成及形式。
2. 冷库建筑排水管网的类型、组成及形式。

课题一 冷库建筑给水管网

【相关知识】

一、室外给水系统管网

室外给水系统在给水过程中，要做到既经济合理又安全可靠，以保证各种用水对象在水量、水质和水压方面的要求。

1. 室外给水系统的组成

室外给水系统是由保证城市、工矿企业等用水的各项构筑物和输配水管网组成的系统，按水源种类分为地表水（江河、湖泊、蓄水库、海洋等）给水系统和地下水（浅层地下水、深层地下水、泉水等）给水系统；按使用目的分为生活用水给水系统、生产用水给水系统和消防给水系统；按供水方式分为自流系统（重力供水）、水泵供水系统（压力供水）和混合供水系统；按服务对象分为城市给水系统和工业给水系统，在工业给水系统中，又分为循环系统和复用系统。

室外给水系统通常由取水构筑物、净水构筑物、调节构筑物、输配水管网和泵站等组成。

（1）取水构筑物。取水构筑物是指自地面水源或地下水源取水的构筑物，其中包括取水泵站。图5-1所示为从地面水源取水，图5-2所示为取水泵站。

（2）净水构筑物。净水构筑物是对从取水构筑物送来的原水进行净化处理，使其符合供水水质标准的构筑物，其中包括送水泵站。图5-3所示为自来水厂净水过程图。

（3）调节构筑物。调节构筑物是收集、储备和调节水量的构筑物，包括清水池、水塔或高位水池。水塔如图5-4所示，起蓄水作用，有些还是水厂的一个重要组成部分，是用于储水和配水的高层结构，用来保持和调节给水管网中的水量和水压，主要由水柜、基础和连接两者的支筒或支架组成。在工业与民用建筑中，水塔是一种比较常见而又特殊的建筑物。它的施工需要特别精心和讲究技艺，如果施工质量不好，轻则造成永久性渗漏水，重则报废不能使用。

（4）输配水管网。输水管是将原水送到水厂，将清水由水厂送到管网，管网则是将处

图 5-1　从地面水源取水

图 5-2　取水泵站

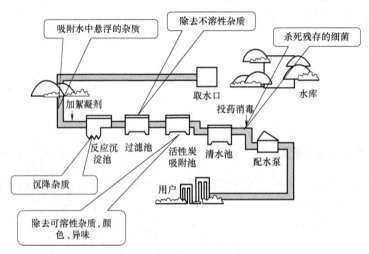

图 5-3　自来水厂净水过程图

理后的清水送到各个给水区的各个管道。

（5）泵站。泵站用以将所需水量提升到要求的高度，可分为抽取原水的一级泵站、输送清水的二级泵站和设于管网中的增压泵站等。图 5-5 所示为二级泵站。

图 5-4　水塔

图 5-5　二级泵站

图 5-6 所示为以地面水为水源的给水系统；图 5-7 所示为以地下水为水源的给水系统；图 5-8 和图 5-9 所示为给水系统工艺流程。

如果地下水水质良好，一般只经过简单的消毒，便可送入城市管网，所以没有净水构筑物。但如果某个地区的地下水含有较多的杂质，水质达不到饮用水水质标准，这样的地下水就要经过处理。

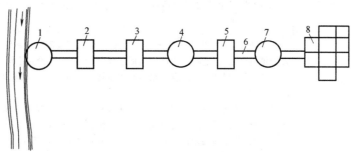

图 5-6　以地面水为水源的给水系统
1—集水井　2—一级泵站　3—净水构筑物　4—清水池
5—二级泵站　6—输水管　7—水塔　8—配水管网

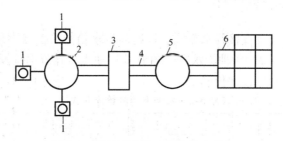

图 5-7　以地下水为水源的给水系统
1—深井泵站　2—清水池　3—二级泵站　4—输水管　5—水塔　6—配水管网

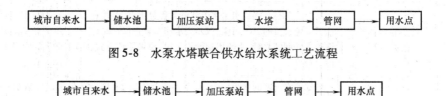

图 5-8　水泵水塔联合供水给水系统工艺流程

城市自来水 → 储水池 → 加压泵站 → 管网 → 用水点

图 5-9　变频恒压供水给水系统工艺流程

2. 室外给水系统

室外给水系统一般有低压统一给水系统、分压给水系统、分质给水系统和调蓄增压给水系统四种类型，见表 5-1。

表 5-1　室外给水系统的类型

序号	给水系统类型	特点和适用范围
1	低压统一给水系统	一般多层建筑的居住小区应首先考虑采用低压统一给水系统。按照防火规范要求，多层建筑群体中，也只有部分建筑应设室内消防给水系统，其余部分用室外消火栓通过消防车加压灭火。生活给水系统和消防给水系统都不需要过高的水压，两种给水系统的压力也往往相接近，并且都属于低压范围

（续）

序号	给水系统类型	特点和适用范围
2	分压给水系统	高层建筑和多层建筑混合的居住小区内,高层建筑和多层建筑所需压力显然差别较大,为了节能,该混合区应采用分压给水系统
3	分质给水系统	在严重缺水或无合格原水的地区,为了充分利用当地的水资源,降低水质净化成本,将冲洗、绿化、浇洒道路等项目用水水质要求低的水量从生活用水量中区分出来,确立分质给水系统
4	调蓄增压给水系统	高层和多层建筑混合居住区,其中为低层建筑所设的给水系统,也可对高层建筑的较低楼层供水,但是高层建筑超出低层建筑的部分,无论是生活给水还是消防给水,一般都必须调蓄增压,即设有水池和水泵进行增压供水。调蓄增压给水系统可分为以下三种形式 (1)分散调蓄增压系统是指高层建筑幢数只有一幢或幢数不多,但各幢的供水压力要求差异很大,每一幢建筑单独设置水池和水泵的增压给水系统 (2)分片集中调蓄增压系统是指小区内相近的若干幢建筑分片共用一套水池和水泵的增压给水系统 (3)集中调蓄增压系统是指小区内全部高层建筑共用一套水池和水泵的增压给水系统

3. 室外给水方式

常用的室外给水方式有直接给水方式、设有高位水箱的给水方式和小区集中或分散加压的给水方式三种，见表5-2，每种给水方式各有其优缺点，选择时应根据当地水源条件，按安全、卫生、经济的原则综合评价确定。

表5-2 室外常用的给水方式

序号	给水方式类型	特点和适用范围
1	直接给水方式	从能耗、运行管理、供水水质及接管施工等各方面来比较,此方式都是最理想的,故应首先选用。城镇给水管网的水量、水压能满足小区给水要求时,应采用此方式
2	设有高位水箱的给水方式	此方式具有直接供水给水方式的大部分优点,但是在设计、施工和运行管理中都应注意避免水质的二次污染,以及当水箱布置在屋顶时,应有一定的冬季防冻措施。城镇给水管网的水量、水压周期性不足时,应采用该方式,可在小区集中设水塔或分散设水箱
3	小区集中或分散加压的给水方式	城镇给水管网的水量、水压经常性不足时,应采用小区集中或分散加压的给水方式。该种给水方式又分为以下几种 (1)水池—水泵—水塔 (2)水池—水泵—气压罐 (3)水池—变频调速水泵 (4)水池—变频调速水泵和气压罐组合 (5)水池—水泵—水箱 (6)水池—水泵 (7)管道泵直接抽水—水箱

二、室内给水系统管网

建筑内部给水系统的任务是根据各类用户对水量、水压的要求，将水由城市给水管网（或自备水源）输送到装置在室内的各种配水龙头、生产机组和消防设备等各用水点。

1. 室内给水系统的类型

室内给水系统根据用途一般可分为生活给水系统、生产给水系统和消防给水系统三类。

（1）生活给水系统：供人们日常生活饮用、烹调、洗涤、盥洗和沐浴等用水，如图 5-10 所示，水质必须符合国家规定的《生活饮用水卫生标准》。

（2）生产给水系统：供车间生产用水，如设备冷却用水、锅炉用水等。由于工艺不同，生产用水对水质、水量、水压以及安全方面的要求差异是很大的。在工业企业内，给水系统视生产工艺情况而定，系统比较复杂的，可以设置若干个单独给水系统。为了节约用水，在能够满足水质、水量、水压和安全要求的情况下，应尽量使水得到充分利用，可以设置循环给水系统。循环给水系统是指使用过的水经过适当处理后再行回用，复用给水系统是按照各车间对水质的要求，将水顺序重复利用。图 5-11 所示为某化工企业循环水系统流程图。

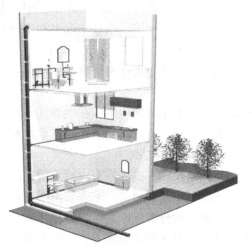

图 5-10　室内生活给水系统

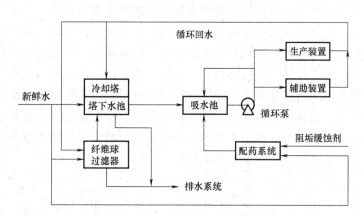

图 5-11　某化工企业循环水系统流程图

冷库中较大的水量用于冷却、冲霜、制冰和生产加工。对冷却用水从防垢防蚀的要求对硬度、浊度做了规定，见表 5-3；而对制冰和生产加工用水则要求符合《生活饮用水卫生标准》。

表 5-3　冷却水水质标准

设备名称	碳酸盐硬度	pH	浑浊度
立式冷凝器、淋水式冷凝器	6~10	6.5~8.5	150
卧式冷凝器、蒸发式冷凝器	5~7	6.5~8.5	50
氨压缩机等制冷设备	5~7	6.5~8.5	50

注：1. 洪水期浑浊度可适当放宽。

　　2. 当地无淡水时，立式冷凝器可采用海水为冷却水，但应有相应的防腐蚀、防堵塞措施。

（3）消防给水系统：供扑救火灾的消防用水。消防用水对水质要求不高，但必须按建筑防火规范保证有足够的水量和水压。

在一栋建筑物内，实际上并不一定需要单独设置上述三种给水系统，可根据建筑物内用水设备对水质、水压、水量、水温和安全等的要求，结合室外给水管网的供水情况，考虑设置共用给水系统，如生活、生产和消防共用给水系统，生活和消防共用给水系统，生活和生产共用给水系统，生产和消防共用给水系统。

在工业企业内，给水系统视生产工艺情况而定，系统比较复杂的，可以设置若干个单独给水系统，为了节约用水，在能够满足水质、水量、水压和安全要求的情况下，应尽量使水得到充分利用，可以设置循环给水系统和循序给水系统。

2. 室内给水方式

室内给水的方式就是室内给水管道的供水方案。室内给水方式的选择必须依据用户对水质、水压和水量的要求，室外管网所能提供的水质、水量和水压情况，卫生器具及消防设备在建筑物内的分布，以及用户对供水安全可靠性的要求等条件来确定。其基本形式有直接给水方式、设置水箱的给水方式、设水箱和水泵的给水方式、分区给水方式、枝状环状给水方式和高层建筑竖向分区给水方式六种。

（1）直接给水方式。室内给水管道系统与室外供水管网直接相连，利用室外管网压力直接向室内给水系统供水，如图5-12所示。这种给水方式的干管一般布置为下行上给式，给水干管设在底层地面以下，直接埋地敷设在地沟中或地下室内。

直接给水方式的优点是：给水系统简单，投资少，安装维修方便，并能充分利用室外管网水压，供水较为安全可靠；其缺点是：系统内部无贮备水量。当室外管网停水时，室内系统立即断水。

（2）设水箱的给水方式。室外给水管网的水压昼夜周期性不足时，在建筑物内部设有管道系统和屋顶水箱（又称高位水箱），室内给水系统与室外给水管网直接连接，如图5-13所示。当水压高时，箱内蓄水；当水压低时，箱中存水放出，以补充供水的不足。这样可以克服城市配水管中心压力波动问题，使供水稳定。

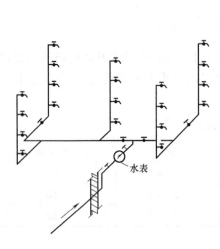

图5-12　直接给水方式

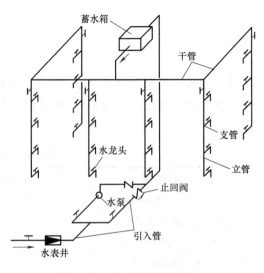

图5-13　设水箱的给水方式

这种给水方式一般布置为上行下给式，给水管设置在顶层天棚以下、窗口以上。

设水箱的给水方式的优点：系统比较简单，投资较小；充分利用室外管网压力供水，节省电能；系统具有一定的贮备水量，供水的安全可靠性较好。其缺点：系统设置了高位水箱，增加了建筑物结构荷载，并给建筑物的立面处理带来一定困难。

图5-14所示为设水箱的给水方式的另一种形式。建筑物下面几层由室外管网直接供水，上面几层采用有水箱的给水方式，这样既可以减小水箱的容积，又能充分利用室外管网的压力。

（3）设水箱和水泵的给水方式。当室外管网的水压低于或周期性地低于室内所需要的供水压力，而且室内用水量又很不均匀时，宜采用设置水泵和水箱的联合给水方式，如图5-15所示。

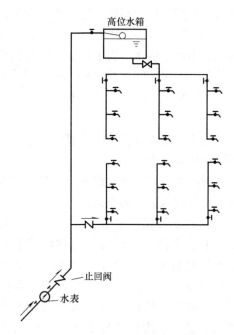

图5-14　下层直接供水、上层设置水箱的给水方式

这种给水方式的优点：用水泵提高供水压力的同时向管网供水，水可以高效率运行，箱中水满时，可以停泵，节省能源；水泵用浮子继电器等装置自动控制，供水安全可靠。但这种给水方式的一次性投资较大，运行费用较高，维护管理比较麻烦。

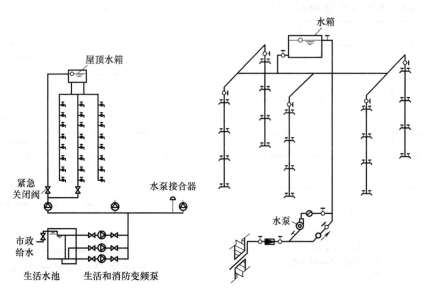

图5-15　设水箱和水泵的给水方式

（4）分区给水方式。在多层建筑和高层建筑中，如果给水立管过高，由于管内静水压

力过大，会使下层管网中管道接头及附件因受过高压力而损坏，配水龙头放水时产生喷溅，水锤和噪声也会加剧，不利于供水。为了保证多层建筑中给水管网受压均匀，可采用竖向分区的给水方式，即每隔4～5层设一个水箱，必要时中间还可设水泵，如图5-16所示。

当建筑物内部设有消防装置时，消防水泵则要按上下两区用水考虑。

这种给水方式对低层设有洗衣房、澡堂、大型餐厅和厨房等用水量大的建筑物尤有意义。

（5）枝状环状给水方式。按照用户对供水可靠程度的要求不同，管网可分为枝状式和环状式。枝状给水管网如图5-17所示，其总长度较短，构造简单，投资较少，但供水可靠性较差，当任一段管线损坏时，在该管线以后的给水管段将断水，且越接近管网末端，水质越容易变坏。环状给水管网如图5-18所示，管线形成环状，在任一段管线损坏时，

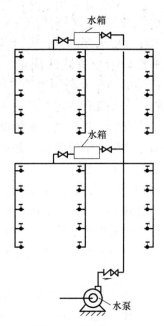

图5-16　分区给水方式

可依靠阀门将损坏段的管道与其余管网隔开进行检修，水流可通过其他管段供应到用户，从而提高了供水可靠性，并且可大大减轻水锤的危害。但是，环状给水管网在工程造价上明显地比枝状给水管网要高得多。一般建筑物中均采用枝状给水管网，在任何时间都不允许间断供水的大型公共建筑、高层建筑和某些生产车间需采用环状给水管网；冷库给水管道一般以枝状给水管网布置为主。

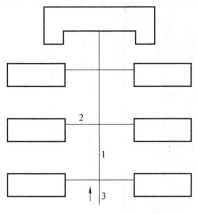

图5-17　枝状给水管网
1—干管　2—支管　3—引入管

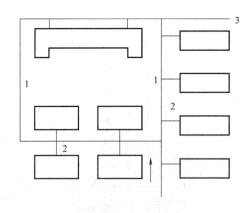

图5-18　环状给水管网
1—干管　2—支管　3—引入管

（6）高层建筑竖向分区给水方式。十层以上高层建筑一般采用竖向分区给水方式，建筑给水在竖向分区时，为了节约能源和投资，首先要考虑充分利用室外给水管网的水压，尽可能多地向下面几层供水。竖向分区给水主要有减压给水、并联给水和串联给水三种给水方式，其特点见表5-4。

表 5-4　高层建筑竖向分区给水方式

给水方式	特点	图例
减压给水方式	整个高层建筑的用水量全部由设置在底层的水泵提升至屋顶水箱,然后再分送至各分区水箱,进行减压后向各用水点供水,如右图所示。分区水箱一般只起减压作用,因而水箱容积可以很小,但当同时起贮水作用时,则水箱容积应相应加大 这种给水方式系统简单,水泵台数少,类型少,泵房建筑面积小,投资较少,管理维修方便。其缺点是屋顶水箱容积很大,增加了结构荷载;由于整个建筑物的用水量均需提升至最高层,因此水泵转输的流量大,工作时间长,耗电多;水泵或输水管路发生故障时,将影响整个建筑物的用水,安全可靠性差 用减压阀代替减压水箱,其供水方式的工作原理与减压水箱供水方式相同。其最大的优点是各分区可不设水箱,减压阀又不占楼层房间面积,使建筑面积发挥了最大的经济效益。其缺点是水泵运行动力费用较高	减压给水方式图
并联给水方式	各分区的用水量由集中设置在底层的分区水泵分别提升至本分区的贮水箱,然后分区进行供水,如右图所示 这种给水方式由于分区设置水箱、水泵,自成一个独立供水系统,因而供水安全可靠;水泵集中设置便于操作管理和维修。其缺点是水泵型号及台数多,管道数量和泵房面积增加,管理和维修量较大 由于此种系统具有供水安全可靠的显著优点,因而在国内外高层建筑中采用得比较广泛	并联给水方式图

（续）

给 水 方 式	特 点	图 例
串联给水方式	各分区水箱既是本区的高位水箱，又是上区的贮水池，水泵分设在各区技术层内，逐级提升供水，如右图所示。其优点是水泵压力较均衡，扬程较小，因而水锤影响也小，水泵使用效率高。其缺点是水泵分设在各技术层内，占用建筑面积大，对技术层要求较高，需防振动、防噪声、防漏水；水泵分散布置，不利于管理和维修；供水可靠性差。此种给水方式较少采用	水箱 水泵 串联给水方式图

【典型实例】

【实例1】 无水塔的管网

管网内不设水塔而由泵房（站）直接向系统供水时，其水压线如图 5-19 所示。水压线以吸水池最低水面为基准，由于水在输水管网和配水管网中流动时存在压力损失，输水距离越远则压力损失越大，地势越高的地点水压越低，所以水泵的压力应能保证距泵房最远和地势最高处的水压达到需要的最小服务水压，一般称该处为给水系统的控制点（供水最不利点）。只要控制点的水压满足设计要求，整个系统的水压就得到了保证。因此，水泵的压力可按下式计算

$$p = Z_c + p_c + p_p + p_{sh} + p_Z \tag{5-1}$$

式中　p——水泵的压力（kPa）；

　　　Z_c——控制点和吸水池最低水位之间的静压力差（kPa）；

　　　p_c——控制点处最小服务水压（kPa）；

　　　p_p——配水管网压力损失（kPa）；

　　　p_{sh}——输水管网压力损失（kPa）；

　　　p_Z——泵房内管路的压力损失（kPa）。

【实例2】 网前水塔的管网

网前水塔的管网，当系统供水量大于用水量时，多余的水流由水塔贮存起来；当系统供

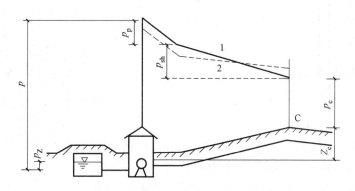

图 5-19　无水塔管网的水压线

1—最大用水时的水压线　2—最小用水时的水压线

水量小于用水量时，不足的水由水塔供给。在分析网前水塔管网的水压关系时，设水泵先送水至水塔，再由水塔经管网供水至用户，管网的水压线如图 5-20 所示。为了确定水泵的压力，需先求出水塔的高度（水柜底与地面的距离）。水塔的高度应能满足最高用水时控制点的最小服务水压值，可按下式计算

$$H_{\mathrm{t}} \geqslant (p_{\mathrm{c}} + p_{\mathrm{p}} + Z_{\mathrm{c}} + Z_{\mathrm{t}}) / (\rho g) \tag{5-2}$$

式中　H_{t}——水塔的高度（m）；

Z_{t}——水塔地面处与贮水池最低水位之间的静压差（kPa）；

ρ——水的密度（kg/m³）；

g——重力加速度（m/s²）。

其他符号意义同前。

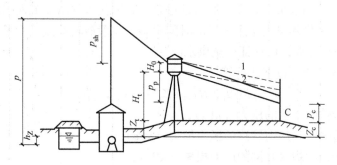

图 5-20　网前水塔管网的水压线

1—最小用水时的水压线　2—最大用水时的水压线

由式（5-2）可知，水塔应建在高地处，因 Z_{t} 越大而 H_{t} 越小，当 $H_{\mathrm{t}} = 0$ 时，可以利用高地水池来代替水塔，从而降低建设造价。

水塔中的水位波动和用水量的变化，都会引起管网中水压的变化。当水柜中的水位最低时，用水量达到最大值，此时管网中的水压最低。当用水量减少而水柜中的水位上升时，管网中的水压将增大，如图 5-20 中的 1、2 水压线所示。

水泵的压力应能保证供水至水塔，按下式计算

$$p = \rho g (H_{\mathrm{t}} + H_0) + Z_{\mathrm{t}} + p_{\mathrm{sh}} + p_{\mathrm{Z}} \tag{5-3}$$

式中　p——水泵的压力（kPa）；

H_0——水柜中的有效水深（m）。

其他符号意义同前。

【实例3】对置水塔管网

当供水区域距泵房较远而地势又较高时，宜将水塔放在管网端，形成对置水塔的管网系统，其水压线如图 5-21 所示。

对置水塔的管网，在最高用水量时，由泵站和水塔同时向管网供水，两者有各自的供水区域。在供水区的分界线上，如图 5-21 中的 C 点，水压最低。

把对置水塔的给水系统分成两部分：一部分是从泵站到分界线上的 C 点，在这个范围内可看作是无水塔的管网，所以泵站的压力仍按无水塔的管网计算；另一部分是从水塔到分界线上的 C 点，这部分类似于网前水塔的管网，水塔高度可按网前水塔的管网确定。

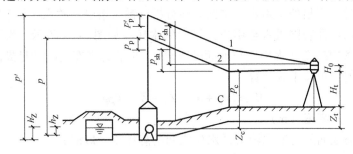

图 5-21　对置水塔管网的水压线

1—最大转输时的水压线　2—最大用水时的水压线

当泵站供水量大于用水量时，多余的水通过整个管网流入水塔，流入水塔的流量称为转输流量。因一天内泵站供水量大于用水量的时间很多，一般取转输流量为最大的一小时流量（最大转输流量）进行计算，以保证安全供水。

最大转输时的水泵压力按下式计算

$$p' = \rho g (H_t + H_0) + Z_t + p'_s + p'_{sh} + p'_p \tag{5-4}$$

式中　p'——最大转输时水泵的压力（kPa）；

p'_s——最大转输时泵房内管路的压力损失（kPa）；

p'_{sh}——最大转输时输水管网的压力损失（kPa）；

p'_p——最大转输时配水管网的压力损失（kPa）。

其他符号意义同前。

在最大转输时，虽然系统用水量最小，但因转输流量较大并且通过管网进入水塔，所以最大转输时水泵的压力可能大于最高用水时的水泵压力。

课题二　冷库建筑排水管网

【相关知识】

建筑排水系统是将人们在日常生产和生活中使用后的污废水，以及自然界雨水和冰雪融化水有组织地排除与处理的工程设施。

一、排水系统体制及选择

1. 废水来源

按照废水来源不同，废水可分为工业废水、生活废水和降水三大类。

（1）工业废水。工业废水实际上包括废水和污水两种，是指工业生产过程中产生的污废水。废水是指在生产过程中水温变化、水质没有多大污染的水，如冷冻厂里的冷却水和冲霜水，一般不需进行水处理；污水是指在生产过程中受到较严重污染的水，多半具有危害性，如冷冻厂里主要有肉类鱼类加工污水、屠宰污水等。

（2）生活废水。生活废水是指在人们日常生活中使用过后的污水和废水，如厕所大便器、小便器等卫生设备排除的粪便污水，以及浴室、盥洗室、厨房、食堂和洗衣房等卫生设备排出的废水等。

生活废水含有较多的有机物，含有大量的细菌和病原体，具有适宜微生物繁殖的条件，有一定的危害性。

（3）降水。降水是指自然界雨水和冰雪融化水。雨水的特点是时间集中、量大，其中以暴雨危害最大。

对于上述污废水，均需及时妥善地处理，否则将会污染水体、破坏环境，影响正常生产、生活，并给人们的身体健康带来严重危害。

2. 排水系统体制

对各类生产、生活产生的废水和降水采取的排水体制，按汇集方式可分为分流制排水体制和合流制排水体制两种基本类型。具体采用何种排水体制，应结合污废水性质、污染程度、水量大小以及排水系统和污水处理设施综合考虑。

（1）分流制排水系统。对生产、生活产生的废水和雨水分别采取两套及两套以上各自独立的排水系统进行排除的方式称为分流制排水系统。其中排除生活污水及工业废水的系统称为污水排水系统；排除雨水的系统称为雨水排水系统。图5-22所示为某工业区分流制排水系统示意图。

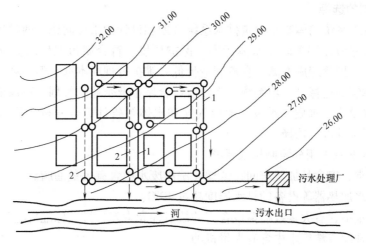

图5-22　某工业区分流制排水系统示意图

1—污水管道　2—雨水管道

冷冻厂生活污水大都是有机污水，可与生活污水合并排放，流入处理设施。一般工业企业，由于不同车间的废水性质不同，彼此之间不宜混合，以免造成水和污泥处理的复杂化，通常采用分流制排水系统，在多数情况下采用分质分流、清污分流几种管道系统分别排除。

（2）合流制排水系统。在室外排水系统中，将生活污水、工业废水和雨水混合在同一管道内排除的方式称为合流制排水系统。根据污水、废水、降水径流汇集后的处置方式不同，合流制排水系统又可分为直泄式合流制和截流式合流制两种形式。

1）直泄式合流制：混合的污水未经处理直接泄入水体。这种排放方式污染危害大，一般不宜采用。

2）截流式合流制：这种体制是指生活污水、工业废水和雨水合流后一起排向沿河的截流干管。晴天时全部输送到污水处理厂；雨天时，当雨水、生活污水和工业废水的混合水量超过一定数量时，其超出部分通过溢流井泄入水体。这种体制目前应用较广，如图5-23所示。需要注意的是，室内排水系统和雨水系统必须独立。

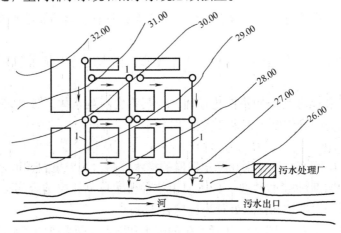

图5-23　截流式合流制排水系统示意图
1—污水管道　2—雨水管道

3. 排水体制的选择

选用合理排水系统的体制是建筑排水系统规划和设计的重要问题。两种排水体制各有优点，分流制能很好地控制和防止水体污染，保护环境，符合城市卫生的要求，适应社会发展，但造价高，维护管理成本高。合流制造价低，维护管理成本低，但不利于环境保护。总之，排水系统体制的选择是一项系统工作，应综合城市及企业的规划、环保要求、污水处理情况，以及排水设施、水质、水量、地形气候和水体等条件综合分析。具体确定排水体制时，可参照以下条件进行选择。

（1）下列情况宜采用分流制排水系统。

1）公共食堂、肉食品加工车间、餐饮业洗涤废水中含有大量油脂。

2）锅炉、水加热器等设备的排水温度超过40℃。

3）医院污水中含有大量致病菌或含有的放射性元素超过排放标准规定的浓度。

4）汽车修理间或洗废水中含有大量机油。

5）工业废水中含有有毒、有害物质需要单独处理。

6）生产污水中含有酸碱，以及工业污水必须处理回收利用。

7）建筑水系统中需要回用的生活废水。

8）可重复利用的生产废水。

9）室外仅设雨水管道而无生活污水管道时，生活污水可单独排入化粪池处理，而生活废水可直接排入雨水管道。

10）建筑物雨水管道应单独排出。

（2）下列情况下，建筑物内部可采用合流制排水系统。

1）当生活废水不考虑回收，城市有污水处理厂时，粪便污水与生活废水可以合出。

2）生产污水与生活污水性质相近时。

二、室外排水系统的组成

生活污水从室内管道系统流入小区污水排水系统，最后排入城市污水管道。为了控制污水管道并使其良好地工作，在该系统的终点设置检查井，称控制井。控制井通常设在房屋建筑界线内便于检查的地点。

1. 室外排水系统的基本机构

图5-24所示为居住小区污水排水系统示意图。室外排水管道系统由排水管、户前管（接户管）、支管和干管等组成。

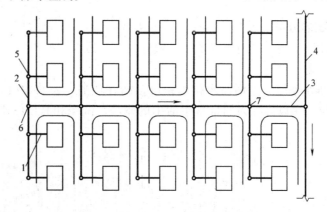

图5-24　居住小区污水排水系统示意图

1—排水管　2—户前管　3—支管　4—干管　5—检查井　6—街道检查井　7—控制井

（1）排水管：是指从室内排水口连接至户前管的管道。在每一排水管与户前管的连接点处应设置检查井。

（2）户前管：是指布置在建筑物周围，可接纳一两幢建筑物的各污水排出管流来污水的管道，或建筑物周围雨水口连接管的雨水管道。

（3）支管：是指接纳一组建筑群的各建筑物户前管流来的污水的管道或雨水管道。

（4）干管：是指小区内接纳各住宅组团内支管流来的污水的管道或雨水管道。

（5）检查井：其作用是清理疏通管道。

（6）跌水井：主要用于跌落水头超过1m时的分界处。由于地形高差相差大，管道或支线接入埋设较深的主干线时会出现较大的跌落水头。

2. 排水管道的材料

室外排水管主要依靠重力流，其常用管材有混凝土管和缸瓦管。

（1）混凝土管。如图 5-25 所示，混凝土管是在雨污水管道中最常用的管材。一般管径超过 400mm 的多采用钢筋混凝土管，管径较小的雨污水系统采用混凝土管。

图 5-25　混凝土管

（2）缸瓦管。如图 5-26 所示，缸瓦管（带釉面）为承接式接口，一般输送酸碱或有腐蚀性的废污水。缸瓦管承压能力低、质脆且易产生裂纹或损坏，施工时应逐根进行检查并敲击。常用的接口材料有沥青砂浆、硫黄水泥等。

三、室内排水系统的组成

1. 室内排水系统的分类

按所排污水的性质不同，室内排水系统一般分为生活污水排水系统、工业废水排水系统和雨雪水排水系统三类。

（1）生活污水排水系统。生活污水排水系统是指在住宅、公共建筑和工厂车间的生活室内安装的排水系统，用以排除人们日常生活中的盥洗、洗涤和粪便污水。图 5-27 所示为卫生间的用水设备。

图 5-26　缸瓦管

图 5-27　卫生间的用水设备

（2）工业废水排水系统。工业废水排水系统用以排除工矿企业生产过程中所排除的污废水。工业生产部门繁多，所排污废水按污染程度可分为仅受轻度污染的工业生产废水和化学成分复杂、需单独排除的工业生产污水，图 5-28 所示为工业废水排放系统流程图，图 5-29所示为工业废水"零排放"流程图。

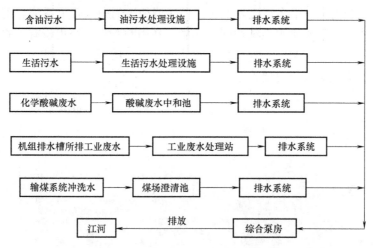

图 5-28　工业废水排放系统流程图

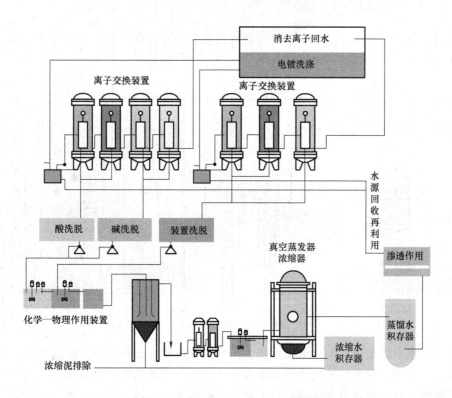

图 5-29　工业废水"零排放"流程图

（3）雨雪水排水系统。在屋面面积较大或多跨厂房内安装的雨雪水排水系统，用以排出屋面的雨水和融化的雪水。

雨水排水系统主要由房屋的雨水管道系统和设备（主要是收集工业、公共设施或大型建筑的屋面雨水，并将其排入室外的雨水管渠系统中去）、街坊或厂区雨水管渠系统、街道雨水管渠系统、排洪沟和出水口组成。

屋面的雨水用雨水斗或天沟收集，如图5-30所示。地面的雨水用雨水口收集，如图5-31所示。地面上的雨水经雨水口流入街坊、厂区或街道的雨水管渠系统。雨水排水系统的室外管渠系统基本上和污水排水系统相同。同样，在雨水管渠系统也设有检查井等附属构筑物。雨水一般既不处理也不利用，直接排入水体。此外，因雨水径流较大，一般应尽量不设或少设雨水泵站，但在必要时也要设置。

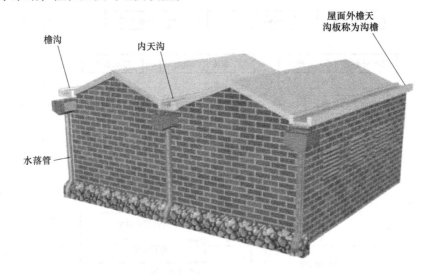

图5-30 用雨水斗或天沟收集屋面雨水

图5-31 地面雨水口

合流制排水系统的组成与分流制相似，同样有室内排水设备、室外庭院或街坊以及街道管道系统。住宅和公共建筑的生活污水经庭院或街坊管道流入街道管道系统。雨水经雨水口进入合流管道。在合流管道系统的截流干管处设有溢流井。

2. 室内排水系统的组成

如图5-32所示，室内排水系统一般包括污废水收集器、器具排水管、横管、立管、排出管、通气管和清通设备等。

（1）污废水收集器。污废水收集器是指各种卫生器具、排放生产污水的设备和雨水斗等，如图5-33所示，其作用是收集和接纳各种污废水并将其排入室内排水管网系统。

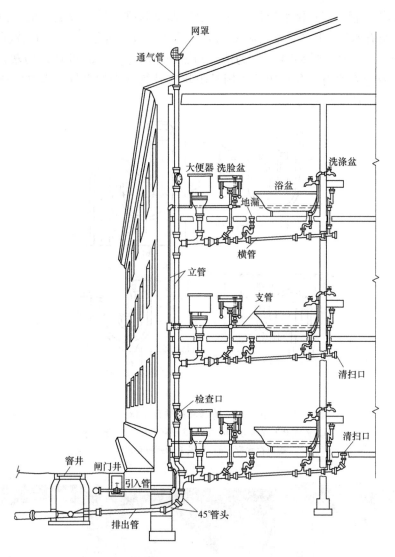

图 5-32　室内排水系统的组成

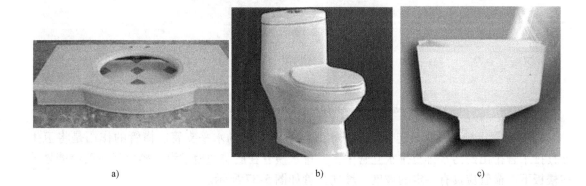

图 5-33　污废水收集器

a）洗脸盆　b）大便器　c）雨水斗

（2）器具排水管。器具排水管是指连接卫生器具和排水横支管之间的一段短管。按形状通常分为 S 形存水弯、P 形存水弯和 U 形存水弯等，按材料分为铸铁和黑铁存水弯、塑料存水弯和不锈钢存水弯。图 5-34 所示为铸铁和黑铁存水弯，图 5-35 所示为塑料存水弯，图 5-36 所示为不锈钢存水弯。存水弯的作用是阻止室外管网中的臭气、有毒气体及昆虫进入室内，以保证室内环境不受污染。

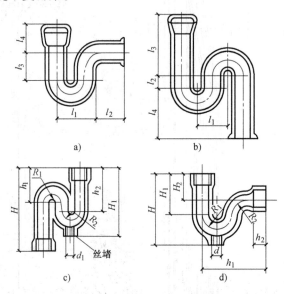

图 5-34　铸铁和黑铁存水弯
a）铸铁 P 形存水弯　b）铸铁 S 形存水弯　c）黑铁 S 形
螺纹存水弯　d）黑铁 P 形螺纹存水弯

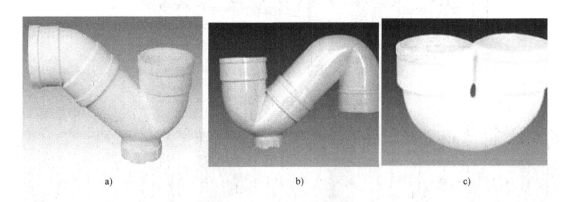

图 5-35　塑料存水弯
a）塑料 P 形存水弯　b）塑料 S 形存水弯　c）塑料 U 形存水弯

（3）横管。排水横管是连接器具排水管与立管之间的水平支管。横管的作用是将卫生器具排水管排出的污水排至排水立管中去。排水横管在底层埋地敷设，楼层间一般沿墙悬吊在楼板下。横管应具有一定的坡度，坡向立管如图 5-37 所示。

（4）立管。立管在垂直方向连接各楼层排水横支管，将各排水横管的污水收集并排至排出管，一般设在墙角并明装，如图 5-38 所示。

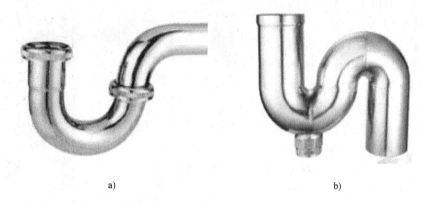

a)　　　　　　　　　　　　　　　　b)

图 5-36　不锈钢存水弯

a）不锈钢 P 形存水弯　b）不锈钢 S 形存水弯

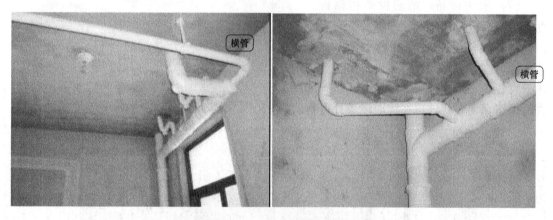

图 5-37　室内排水横管

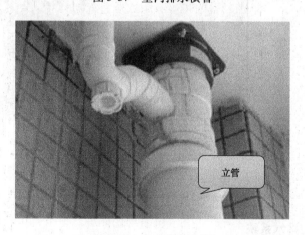

图 5-38　室内排水立管

（5）排出管。排出管是室内排水立管与室外第一个检查井之间的连接管段。它接受一根或几根排水立管流来的污水，排至室外管网。

（6）通气管。通气管又称透气管。多层建筑中的通气管是指最高层卫生器具排水横管以上并延伸到屋顶以上的不过水部分的一段立管，如图 5-39 所示。在卫生器具数量很多的高层建筑中还应设通气立管（分为专用通气立管、主通气立管和副通气立管三种）、器具通气管和环形通气管。它的作用是使室内外排水管与大气相通，使排水管道中的臭气和有害气体排到大气中去，平衡管内压力，保证管内气压稳定，防止存水弯水封被破坏，保证排水管道中的水流畅通。通气管顶部设有通气帽或铅丝球，防止杂物进入管道。

（7）清通设备。清通设备包括检查口、清扫口、室内检查井以及带有清扫口的管配件等。图 5-40 所示为室内排水管道检查口。设置清通设备的目的在于对管道系统进行清扫和检查。当管道出现堵塞现象时，可在清通设备处进行疏通。

图 5-39　楼顶通气管

a)

b)

图 5-40　室内排水管道检查口

a）明装管道检查口　b）暗装管道检查口

3. 高层建筑新型排水系统

随着高层建筑层数的提高，普通排水系统的立管往往容易产生水塞，单靠放大管径的办法加以解决，在经济技术上已显得不够合理。到了 20 世纪 60 年代，出现了取消专门通气管系的单立管式新型排水系统，这是高层建筑排水管道通气技术上的突破。

（1）苏维脱单立管排水系统。苏维脱单立管排水系统是瑞士伯尔尼职业学校卫生工程

教师苏玛于 1959 年发明的。它采用一种叫混合器的配件代替排水三通，在立管底部以一种叫排气器的配件代替排水弯头，使气水混合或分离的单立管系统。

1）气水混合器。气水混合器又称混合器，它是一个长约 800mm 带有乙字管和隔板的类似三通的配件，如图 5-41 所示。气水混合器装设在立管与每层排水横管连接处，作用是限制立管内污水和空气的流动速度，并使从横管流来的污水有效地与立管中的空气混合。

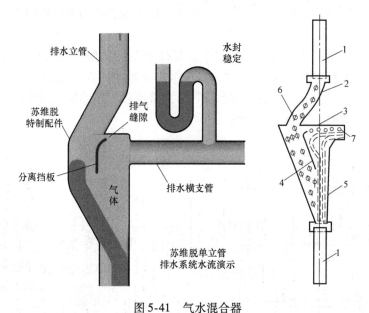

图 5-41　气水混合器

1—立管　2—乙字管　3—孔隙　4—隔板　5—混合室　6—气水混合物　7—空气

当上面立管流下来的污水经过乙字管时，由于水流受到阻碍使流速减小，动能部分转化为压力能，改善了立管内经常处于负压的状态，水流在此处形成紊流状态，结果使水团碎裂成无数小水滴，加速其与周围空气混合，同时在继续下降过程中，通过隔板上部 10～15mm 的孔隙抽吸排水横管和混合器内的空气，使其变成比重轻、密度小，像水沫一样的气水混合物（气水比为 3:1～10:1）。这样一来，其继续下降的速度减慢，可以避免过大的抽吸力。

由排水横管经气水混合器进入立管的污水，由于受到隔板阻挡而呈竖直方向流入，防止了污水跨越立管横断面，因此不致隔断立管气流而造成负压。同时，由于隔板的存在，如果形成水塞也只限于混合器的右半部，此水塞通过隔板上部 10～15mm 孔隙自立管及时补气，下降一个挡板高度（200mm）后水塞就可以被破坏，水流沿管壁呈膜状向下流动。

2）气水分离器　气水分离器又称排气器，它是由空气分离室和跑气管所组成的类似弯头的配件，如图 5-42 所示。它的作用是把空气从水中分离出来，以保证

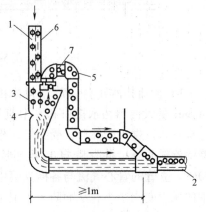

图 5-42　气水分离器

1—立管　2—横管　3—空气分离室　4—突块　5—跑气管　6—气水混合物　7—空气

污水通畅地流入干管。排气器装设在立管的最下部，污水和空气混合物自立管流入排气器，碰到突块时被溅散，从而使气体分离出来（约占70%以上）。由此减少了污水的体积，降低了流速，使立管和横干管的泄流能力得到平衡，气流不致在转弯处受阻。分离出来的气体通过跑气管引出到横管下游至少1m处（或向上返至立管中去），保证了水流的畅通，减小了立管底部产生过大的正压力，起着调节正负压力的作用。

苏维脱排水系统具有能减少立管内压力波动、降低正负压绝对值、保证排水系统工况良好、节省大量管材、降低工程造价等优点，在立管较多的旅馆和单元式住宅中，采用这种排水系统更为经济合理。

（2）旋流式单立管排水系统。旋流式单立管排水系统又称"塞克斯蒂阿"系统，是法国建筑科学技术中心在1967年提出来的，其后被广泛地应用在十层以上的居住建筑中。旋流式单立管排水系统是由各个楼层的排水横管与立管连接起来的旋流排水配件和装在底部的旋流排水弯头所组成的，如图5-43所示。

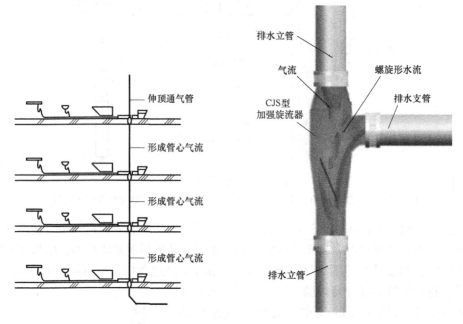

图5-43　旋流式单立管排水系统

1）旋流排水配件。旋流排水配件的构造如图5-44所示。配件盖板上有1个直径为100mm的大便器污水接口和6个直径为50mm的污水管接口，配件内部有12块导流叶片。污水自入口进入配件后，受到导流板诱导而沿切线方向进入立管，使水流形成一股旋流，沿管壁旋转而下，使立管自上至下形成一个管心气流，这个管心气流约占管道横截面积的80%。立管的管心气流与各横支管中的气流连通，并且通过伸顶通气管与大气相通，使立管中的压力变化很小，从而防止了卫生器具水封被破坏，立管的负荷也可以大大提高。

污水在立管中由于受摩擦力和重力的作用，旋流逐渐减弱，垂直分口逐渐增大，当污水经过下一层的旋流排水配件的导流叶片时，使旋流再次得到增强，从而保证了管心气流的贯通。

2）旋流排水弯头。旋流排水弯头如图5-45所示。它是一个内部装有特殊叶片的45°弯

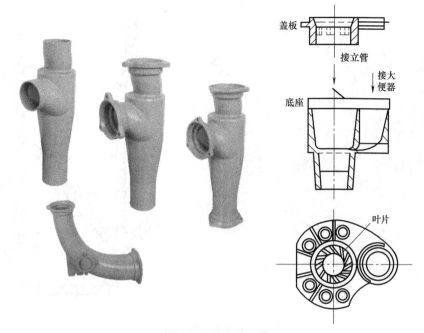

图 5-44　旋流排水配件

管，该特殊叶片能迫使下落水流溅向对壁而沿着弯头后方流下，这样就避免了排水横管水流流向干管，产生冲激流而封闭立管中的气流造成过大的正反力。

旋流式单立管排水系统由于充分创造了使下落水流沿管壁做膜流运动的条件，保证了立管内压力波动幅度很小，提高了排水能力，降低了管道噪声，因而在多层及高层住宅排水系统中是有很大应用前途的。

4. 室内排水管道材料与附件

排水管材可分为金属管和非金属管。室内排水管的横管和立管多选用铸铁管和硬聚氯乙烯（UPVC）管，横出管多采用混凝土管、陶土管等。

（1）铸铁管。铸铁管经久耐用，有较好的耐蚀性，价格低，使用最广。其缺点是质脆，不耐振动和弯折，重量较大，表面粗糙，水力条件差，常用于室内排水管。

排水铸铁管常用的配件有弯头、乙字管、三通、四通、管箍、大小头、存水弯和地漏等，如图 5-46 所示。

铸铁管接口有两种形式：承插式和法兰式。承插式接口适用于埋地管线，安装时将插口插入承口内，两口

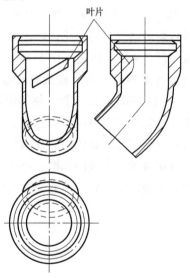

图 5-45　旋流排水弯头

之间的环形空隙用接头材料填实，接口施工麻烦，劳动强度大。法兰接口的优点是接头严密，检修方便，常用以连接泵站或水塔的进、出水管。

（2）硬聚氯乙烯管。硬聚氯乙烯管目前广泛使用在室内排水管道上。硬聚氯乙烯管有轻型管和重型管之分。它的优点是有良好的化学稳定性，耐腐蚀，具有很好的可塑性，不受酸、碱、盐、油类等介质的侵蚀；在加热的情况下容易加工成型，材质轻，比重为钢的1/5，

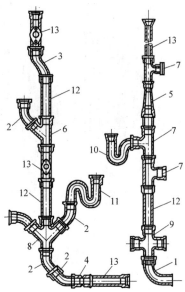

图 5-46　铸铁管承插连接配件

1—90°弯头　2—45°弯头　3—乙字管　4—双承管　5—大小头　6—斜三通　7—正三通
8—斜四通　9—正四通　10—P 形存水弯　11—S 形存水弯　12—直管　13—检查口短管

为铝的 1/2；管内壁光滑，水头损失小，容易切割，安装也很方便。其缺点是强度低，不能耐较高的温度，易老化。硬聚氯乙烯注塑配件管配件的承插粘接管件有弯头（图 5-47）、三通（图 5-48）、四通（图 5-49）、套筒和大小头（图 5-50）、存水弯（图 5-35）、伸缩节和束接（图 5-51）等。硬聚氯乙烯排水螺纹连接系列管件如图 5-52 所示。

（3）钢筋混凝土管。钢筋混凝土管为室内排出管道和室外排水管道的常用材料，也用于埋地敷设的室内雨水管道上，管径为 100～2000mm，管子规格尺寸尚未统一标准，使用时可根据当地产品选用。在满足给水工程压力要求的情况下，钢筋混凝土管与铸铁管相比较具有耐腐蚀、内表面光滑、不产生铸铁管因腐蚀而出现的结垢等特点。与铸铁管、钢管相比较，钢筋混凝土管可节省钢材 80%～90%。

图 5-47　弯头

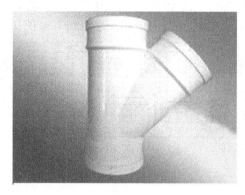

图 5-48　三通

图 5-49　四通

图 5-50　套筒和大小头

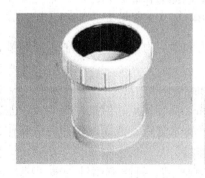

图 5-51　伸缩节与束接

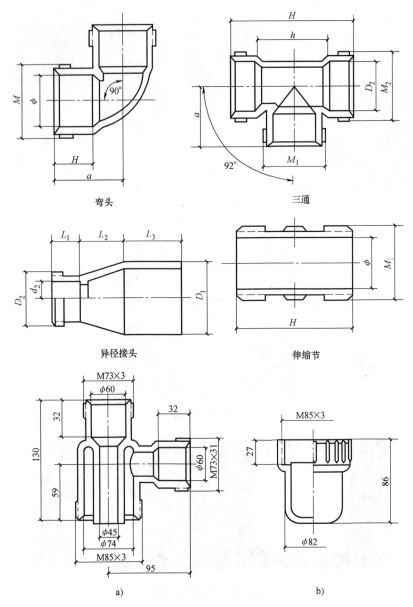

图 5-52 硬聚氯乙烯排水螺纹连接系列管件
a）存水弯本体 b）水封帽

给水工程中用的钢筋混凝土管分为自应力和预应力两种。这两种钢筋混凝土管都是承插接口，管道接口用套管，内填油麻水泥砂浆。

（4）石棉水泥管。石棉水泥管是采用石棉和水泥为原料生产的管道。石棉水泥管具有表面光滑、耐久性好、质轻、可以任意钻孔和切割等优点，但抗冲击能力较差，材料性质较脆，只能用作振动不大、没有机械损伤的生产排水管道，或用来代替铸铁管作为生活污水管道通气管用，管道采用铸铁管箍与石棉水泥连接。

（5）陶土管。陶土管有涂釉与不涂釉两种产品。排除有腐蚀的酸、碱性废水时，采用双面涂釉的陶土管。陶土管口径为 50～600mm，长度为 0.5～0.8m。

陶土管性脆,受撞击时容易破碎,宜用在荷载及振动不大的地方。明装处要防止碰击;埋地敷设时,回填土及夯实地坪时要轻。

管道连接采用承插连接,接口材料采用水泥砂浆。当用于排除酸性污水时,其接口应采用火山灰水泥或矿渣硅酸盐水泥配制的水泥砂浆,其配比为1:1或1:2。排出酸性污水温度不高时,也可以采用沥青玛瑙脂作为接口材料。

【典型实例】

【实例1】 室外排水管道漏水的检修

室外排水管道漏水可根据室外排水管道的材质、管道直径及漏水量的大小,采用打卡子、糊玻璃钢(图5-53)或用混凝土加固等方法进行检修,必要时可采用换管检修的方法。

【实例2】 室外排水管道堵塞的清通

室外排水管道堵塞的主要原因是杂物堵住排污管。其维修方法是:首先检查井中的沉积物,并用掏勺掏清,随后采用水利清通、竹劈疏通或机械疏通方式。

(1)水利清通:利用管中的污水、自来水对排水管道进行冲洗,以清除管内淤积

图5-53 糊玻璃钢

的污物。当用污水冲洗时,常采用冲气球堵塞法进行水利清通。但当排水管道内有树枝、竹针或玻璃碎片等物时,就会刺破气球,使疏通工作无法进行。因此最好采用在木板上用绳子捆上毛毡包或用木塞的方法,将管道上游检查井的出口堵住,使井内水位升高,当水位升到1m左右时,突然抽掉毛毡包或木塞,大量污水即在上游水头作用下以较大的流速将淤泥及污物冲入下游检查井中,然后用吸泥车将其抽走。

(2)竹劈疏通:采用多节竹劈并将竹劈接起来,绑扎竹劈的豁口间距约为100mm,豁口大小约为10mm×10mm。使用前先将竹节的竹墙剔掉,然后将接好的竹劈从上游检查井插入,从下游检查井抽出,反复推拉几次,将管内的沉积物弄松,使其随水流冲走,或用自制的掏勺掏出。

(3)机械清通:先以竹劈将系有通管工具的钢丝绳通过需清通的管段拉到另一端检查井中,然后在管段的首尾两井上各设绞车,车上系住钢丝绳,用绞车来回拉动清管工具,管内淤泥即可刮下无遗。也可用泡沫浮球系上细麻绳,投入上游检查井中,使其随管中水流流至下游检查井,捞起浮球,麻绳的另一端则系上钢丝绳,在下游检查井处拉拽麻绳,钢丝绳即可通过需清通的管段拉到另一端检查井中,然后按上述方法进行清通。

【实例3】 室内排水管道堵塞的检修

室内排水管道被堵时,地漏和卫生器具下部可能冒水,或者从最低器具往外返水,如果堵塞部位在楼上,就会出现楼板漏水现象。检修时,可根据具体情况判断堵塞位置,以确定

排除的方法。

单个卫生器具不下水，则堵塞物可能在卫生器具存水弯里。一般可用抽子抽吸几次，直到堵塞物排出；严重时使用管道疏通机疏通，如图5-54所示。

在一个支管排水系统中，若有的卫生器具排水畅通，有的不通，则堵塞物是在排水横管中部的排水畅通和不通的两个器具中间的管段内。若整个支管的所有卫生器具都不通，而立管通水正常，则说明堵塞点在支管与立管交接处附近的支管上。发生这种故障，若在支管的起点端部装有地漏，则可将地漏打开，在地漏口用竹劈或管道疏通机进行疏通，如图5-55所示。若无地漏，则可打开排水支管末端的清扫口进行疏通。当这些疏通方法均无效时，说明堵塞物比较大，卡得很严，这时可在堵塞物附近管段的上部或旁边用尖錾凿洞疏通。疏通后用木塞塞住洞口，或用打卡子的方法将洞口封堵住。

图5-54　使用管道疏通机疏通马桶

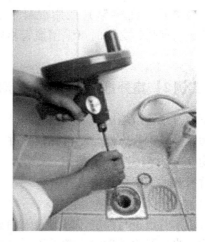

图5-55　在地漏口用管道疏通机进行疏通

当同一排水立管承接的卫生器具中下部的卫生器具排水正常，而中间层用户虽没有用水，却有污水由排水口溢出，说明立管堵塞。当判断堵塞物在检查口附近时，可打开检查口进行疏通；当堵塞物在顶层检查口以上时，可在楼顶上的通气孔处进行疏通。

课题三　冷库给排水系统的设置

【相关知识】

一、冷库给水的一般要求

1. 冷库的用水水源

根据《冷库设计规范》（GB 50072—2010）的规定，冷库给水的水源应就近选用城镇自来水或地下水、地表水。

（1）地下水源。地下水是指深井水或浅井水，水质较清，不易受污染，细菌含量少，水温较低，且常年变化较小。但由于打井和取水设备价格较贵，故它的初次投资费用较高，且水中无机盐的浓度较高，应进行软化处理后使用。其水质和水量也因地而异。

（2）地表水源。地表水源包括江河水、湖泊、水库蓄水及海水等。其水源丰富，取水费用较低，且矿化度和硬度较低。但受地面多种因素的影响，易受环境污染，浑浊度和细菌含量高，一般需经过净水设备处理后方可使用，且水温变化幅度大，水质的季节性变化强。

（3）城市自来水。城市自来水可以直接使用，基建投资很少，其缺点是要得到自来水主管部门的允许才能大量使用，而且水价较高，经常性费用大。

水源的选择应符合冷库用水对水温、水量、水质等的要求，根据用水对象、给水方式、取水的可行性等，结合当地的气象、水文、地质条件，经过详细的技术经济比较而确定。

2. 冷库用水水质要求

生活用水、制冰原料水和水产品冻结过程中加水等水质关系到人体健康，其水质应符合《生活饮用水卫生标准》（GB 5749—2006）的规定，见表 5-5。

表 5-5　水质常规指标及限制

指　　标	限　　值
1. 微生物指标[①]	
总大肠菌群/（MPN/100mL）或（CFU/100mL）	不得检出
耐热大肠菌群/（MPN/100mL）或（CFU/100mL）	不得检出
大肠埃希菌/（MPN/100mL）或（CFU/100mL）	不得检出
菌落总数/（CFU/mL）	100
2. 毒理指标	
砷/（mg/L）	0.01
镉/（mg/L）	0.005
铬（六价）/（mg/L）	0.05
铅/（mg/L）	0.01
汞/（mg/L）	0.001
硒/（mg/L）	0.01
氰化物/（mg/L）	0.05
氟化物/（mg/L）	1.0
硝酸盐（以 N 计）/（mg/L）	10 地下水源限制时为 20
三氯甲烷/（mg/L）	0.06
四氯化碳/（mg/L）	0.002
溴酸盐（使用臭氧时）/（mg/L）	0.01
甲醛（使用臭氧时）/（mg/L）	0.9
亚氯酸盐（使用二氧化氯消毒时）/（mg/L）	0.7
氯酸盐（使用复合二氧化氯消毒时）/（mg/L）	0.7
3. 感官性状和一般化学指标	
色度（铂钴色度单位）	15
浑浊度（NTU—散射浊度单位）	1 水源与净水技术条件限制时为 3

（续）

指　标	限　值
臭和味	无异臭、异味
肉眼可见物	无
pH 值	不小于 6.5 且不大于 8.5
铝/（mg/L）	0.2
铁/（mg/L）	0.3
锰/（mg/L）	0.1
铜/（mg/L）	1.0
锌/（mg/L）	1.0
氯化物/（mg/L）	250
硫酸盐/（mg/L）	250
溶解性总固体/（mg/L）	1000
总硬度（以 $CaCO_3$ 计）/（mg/L）	450
耗氧量（COD_{Mn}法，以 O_2 计）/（mg/L）	3 水源限制，原水耗氧量 >6mg/L 时为 5
挥发酚类（以苯酚计）/（mg/L）	0.002
阴离子合成洗涤剂/（mg/L）	0.3
4. 放射性指标[②]	指导值
总 α 放射性/（Bq/L）	0.5
总 β 放射性/（Bq/L）	1

① MPN 表示最可能数；CFU 表示菌落形成单位。当水样检出总大肠菌群时，应进一步检查大肠埃希菌或耐热大肠菌群；水样未检出总大肠菌群时，不必检验大肠埃希菌或耐热大肠菌群。

② 放射性指标超过指导值时，应进行核素分析和评价，判定能否饮用。

压缩机、冷凝器等冷却用水，从防腐蚀、防水垢方面提出了要求，见表5-6。冲霜用水也可参照此表执行。

表5-6　冷却水的水质要求

设　备　名　称	碳酸盐硬度/（mg/L）	pH 值	浑浊度/（mg/L）
立式壳管式、淋浇式冷凝器	6~10	6.5~8.5	150
卧式壳管式、蒸发式冷凝器	5~7	6.5~8.5	50
氨压缩机等制冷设备	5~7	6.5~8.5	50

注：1. 洪水期浑浊度可适当放宽。

2. 当地无淡水时，立式冷凝器可采用海水为冷却水，但应有相应的防腐蚀、防堵塞措施。

3. 冷库用水水温要求

冷库用水的水温应符合下列规定。

（1）除蒸发式冷凝器外，冷凝器的冷却水进、出口平均温度应比冷凝温度低 5~7℃。

（2）冲霜水的水温不应低于 10℃，不宜高于 25℃。

（3）冷凝器进水温度最高允许值：立式壳管式为 32℃，卧式壳管式为 29℃，淋浇式为 32℃。

4. 水压要求

水压用以保证水的正常输送，并满足不同用水设备和场所的不同要求。对冷风机冲霜水管，冲霜水调节站（分配站）前要有不小于 50 kPa 的压头；氨压缩机冷却水进口处要求有 100~150kPa 的压头；冷却塔进水口根据塔的大小应有 30~50kPa 的压头。

5. 水量要求

冷库给水应保证有足够的水量。

（1）冷凝器冷却水量。冷凝器采用循环给水的补充水量，宜按冷却塔循环水量的 2%~3% 计算；蒸发式冷凝器循环冷却水的补充水量，宜按循环水量的 3%~5% 计算。冷凝器采用直流水（一次用水）冷却时，其用水量按下式计算

$$Q_1 = \frac{3.6\phi_1}{1000c\Delta t} \tag{5-5}$$

式中　Q_1——冷却用水量（m^3/h）；

　　　ϕ_1——冷凝器的热负荷（W）；

　　　c——冷却水的比热容，$c=4.1868[kJ/(kg \cdot \text{℃})]$；

　　1000——冷却水的密度（kg/m^3）；

　　　Δt——冷凝器冷却水进、出水温差（℃）。

（2）冲霜水量。冷风机冲霜水量按产品要求确定，也可按单位冷却面积用水量计算。一般情况下，其单位面积用水量为 $0.035~0.04m^3/(m^2 \cdot h)$。冲霜淋水延续时间按每次 15~20min 计算。

（3）制冷压缩机气缸冷却水量。制冷压缩机气缸冷却水量一般可按产品样本上规定的值确定。在粗略估算时，每千瓦制冷量需冷却用水 13~22kg。

（4）制冰用水量。制冰用水量按每吨冰用水 1.1~1.5m³ 计算。

（5）其他生产用水量。其他生产用水量可按定额进行计算：屠宰猪清洗用水量为 0.2~0.25m³/头；水产品清洗用水量为 3~3.5m³/t；冲洗地面用水量为 0.006m³/(m² · 次)；融冰用水量为 0.93m³/t。

（6）生活用水量。生活用水量宜按 25~35L/(人 · 班)、用水时间为 8h、小时变化系数为 2.5~3.0 计算。洗浴用水量按 40~60L/(人 · 班) 计算，延续供水时间为 1h。

（7）消防用水量。消防用水量应按现行国家标准《建筑设计防火规范》（GB 50016—2014）及《建筑灭火器配置设计规范》（GB 50140—2005）设置消防给水和灭火设施。

二、冷库给水系统设置

1. 给水管道布置

一幢单独建筑物的给水引入管，宜从建筑物用水量最大处引入。建筑物内卫生用具布置比较均匀时，应在建筑物中央部分引入，以缩短管网最不利点的输入长度，减少管网的水头损失。当建筑物不允许间断供水或室内消火栓总数在 10 个以上时，引入管要设置两条，并应由城市管网的不同侧引入；当不可能由两侧引入时，由同侧引入，但两根引入管的间距不得小于 10m，并应在接点间设置阀门。

引入管上应设置阀门，必要时还应设置泄水装置，以检修便于管网时放水。

室内给水管道的布置与建筑物性质、建筑物外形、结构状况、卫生用具和生产设备布置情况以及所采用的给水方式等有关，并应充分利用室外给水管网的压力。布置管道时应力求长度最短，尽可能呈直线走向，并与墙、梁、柱平行敷设。

给水干管应尽量靠近用水量最大处或不允许间断供水的用水处设置，以保证供水可靠，并减少管道转输流量，使大口径管道长度最短。

工厂车间内的给水管道架空布置时，应不妨碍生产操作及车间内交通运输，不允许把管道布置在遇水能引起爆炸、燃烧或损坏的原料产品和设备上面；而且也应尽量不在设备上面通过；当管道直埋地下时，应当避免被重物压坏或被设备振坏；不允许管道穿过设备基础，特殊情况下，应同有关部门协商处理。

室内给水管道不允许敷设在排水沟、烟道和风道内，不允许穿过大小便桶、橱窗、壁柜、木装修，应尽量避免穿过建筑物的沉降缝，当必须穿过时要采取相应的措施。常用措施有螺纹弯头法、软性接头法和活动支架法等。

2. 冷却水给水设计

（1）直流给水。直流给水即冷却水经一次使用后即排入下水道或农用灌溉系统，如图 5-56 所示。该给水方式设备简单，一次投资和经常运转费用较少。一般在水源的水量充足、水温适宜、排水方便的地区可优先考虑采用直流给水。

（2）循环给水。循环给水是将用过的冷却水经冷却降温后再循环使用，只需补充少量水，适用于水源水量较少、水温较高的地区，但它需要增设冷

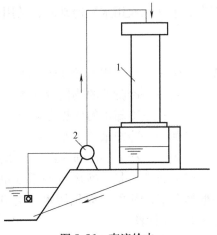

图 5-56　直流给水
1—立式冷凝器　2—水泵

却设备（主要由水泵、被冷却装置、散热装置及管路设施组成）。冷库的冷凝器用水量很大，目前已很少采用一次性水冷却，大都采用循环水冷却，以节约用水。冷库循环水冷却系统均为敞开式，可分为压力回流式循环水冷却系统、重力回流式循环水冷却系统和需要经处理的循环水冷却系统三类。

1）压力回流式循环水冷却系统。此种循环水冷却系统一般水质不受污染，仅补充在循环使用过程中损失的少量水量。补充水可流入冷水池，也可流入冷却构筑物下部。冷水池也可设在冷却塔下面，与集水池合并。冷却塔可以布置在比较低的位置，如图 5-57 所示。对于卧式冷凝器，当冷却塔位置不高时，应采用此系统，如图 5-58 所示。

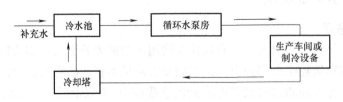

图 5-57　压力回流式循环水冷却系统

2）重力回流式循环水冷却系统。此系统中，冷却塔的位置高于制冷设备，具体高度由房屋建筑结构和制冷设备水压要求决定。经冷却塔冷却的水，以重力流流入制冷设备，进入冷却塔的热水由循环水泵提升，如图 5-59 所示。立式冷凝器一般采用此系统，如图 5-60 所示。

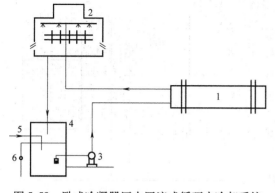

图 5-58　卧式冷凝器压力回流式循环水冷却系统

1—卧式冷凝器　2—冷却塔　3—水泵

4—水池　5—补充水　6—溢流管

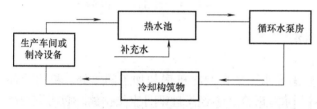

图 5-59　重力回流式循环水冷却系统

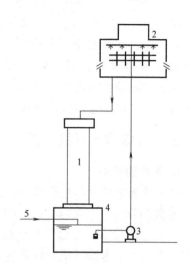

图 5-60　立式冷凝器重力

回流式循环水冷却系统

1—立式冷凝器　2—冷却塔　3—水泵

4—水池　5—补充水

3）需要经处理的循环水冷却系统。从制冷设备出来的热水需设置净化或水质稳定处理构筑物进行处理,处理后的热水再流入热水池,经热水泵提升送入冷却塔。冷水泵再从冷水池抽水送入制冷设备。净化或水质稳定处理构筑物宜设在图 5-61 所示的制冷设备与热水池之间。其优点在于能冷却热量、降低水温,当水温高时有利于提高处理效果并节省药剂,且避免后置设备和构筑物的污染。

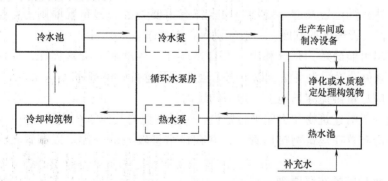

图 5-61　需要经处理的循环水冷却系统

3. 冲霜给水设计

（1）冲霜水调节站。当需用水冲霜的冷间为两间及以上时,应设水调节站,通过阀门对冲霜水进行控制、分配。调节站设在便于操作的地方,最好设在正温区,设在负温区的则要有良好的隔热措施。

（2）冲霜给水管。冲霜给水管应防止冻堵，在设计时要有相应的措施。调节站至库房冷风机之间的水平给水管，在进库房前的坡向为逆流向，再以顺流向坡向冷风机，如图 5-62 所示。在调节站上设泄水阀。冲霜结束时，应打开泄水阀，待给水管中的水泄尽后再关闭给水阀和泄水阀。若发生误操作，应先关闭给水阀再关闭泄水阀，或不开泄水阀泄水，也不会发生冻堵现象。

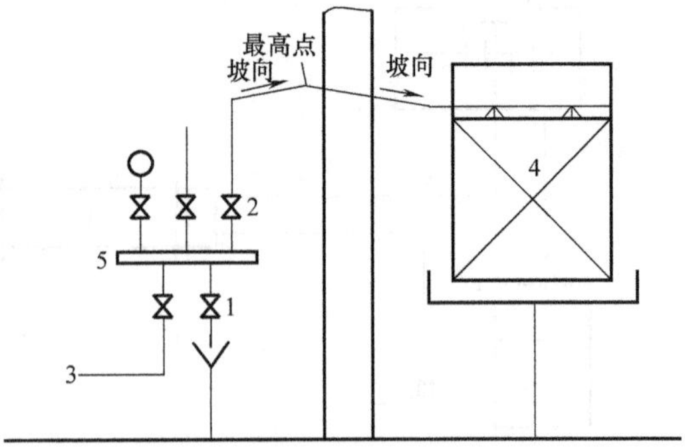

图 5-62　冲霜调节站及给水管布置
1—泄水阀　2—给水阀　3—冲霜给水　4—冷风机　5—调节站

三、冷库排水系统设置

1. 排水的来源

排水的来源可分为生产废水、生活污水和雨雪水三类。

（1）生产废水：是指生产过程中产生的废水，来自制冷机房和加工间等处。机房冷却水在生产过程中水质仅受到轻微污染或只是水温升高，不经处理即可直接排放。而污染较严重的污水需经处理后方可排放。

（2）生活污水：是指人们日常生活中所产生的废水，包括厕所、浴室、厨房、洗衣房等处排出的水。其特点是含有较多的有机物和大量的细菌，具有适应微生物生长繁殖的条件。

（3）雨雪水：是指雨水和冰雪融化水。这类水比较清洁，但有时流量大，若不及时排除，将积水为害。

上述废水均应及时、妥善地处理排放，以免污染水体，妨碍环境卫生。

2. 冷库室外排水管道的布置要求

冷库厂区及居住区管道的布置及敷设与地形、建筑的平面布局、城市排水管线的位置、污水处理厂（站）的位置及道路规划等因素都有重要关系。其布置原则为：技术上合理可行，经济上节省，管理维护方便。一般应满足以下要求。

（1）管线尽可能最短，充分利用地面自然坡度，尽量减少管道埋深，使污水靠重力流排出；应尽量避免设置污水泵站，以节省工程造价及运行管理费用。

（2）管线应尽量避免穿越地上及地下构筑物。

（3）管线一般沿建筑物和道路平行敷设，尽量避免与其他管线交叉。

（4）管线应布置在建筑物排出管上，并在排水量较大的一侧。以布置在人行道和绿地下为宜。

3. 室内排水管道的布置原则

排水管道的布置应满足水力条件最佳、便于维护管理、保护管道不易受损坏、保证生产和使用安全以及经济和美观的要求。综合这些原则有以下 10 条。

（1）污水立管应设置在靠近杂质最多、最脏及排水量最大的排水点处，以便尽快地接纳横支管来的污水而减少管道堵塞的机会；同理，污水管的布置应尽量减少不必要的转角及曲折，尽量做直线连接。

（2）排出管宜以最短距离通至室外，因排水管较易堵塞，如埋设在室内的管道太长，清通检修也不方便；此外，管道长则坡降大，必然加深室外管道的埋深。

（3）在层数较多的建筑物内，为防止底层卫生器具因受立管底部出现过大正压等原因而造成污水外溢现象，底层的生活污水管道应考虑采取单独排出方式。

（4）不论是立管还是横支管，不论是明装还是暗装，其安装位置均应有足够的空间，以利于拆换管件和清通维护工作的进行。

（5）当排出管与给水引入管布置在同一处进出建筑物时，为便于维修和避免或减轻因排水管渗漏造成土壤潮湿腐蚀及污染给水管道的现象，给水引入管与排出管外壁的水平距离不得小于1.0m。

（6）管道应避免布置在可能受设备振动影响或重物压坏处，因此管道不得穿越生产设备基础；当必须穿越时，应与有关专业人员协商做技术上的特殊处理。

（7）管道应尽量避免穿过伸缩缝、沉降缝；当必须穿越时，应采取相应的技术措施，以防止管道因建筑物的沉降或伸缩受到破坏。

（8）明装的排水道应尽量沿墙、梁、柱而做平行设置，以保持室内的美观；当建筑物对美观要求较高时，管道可暗装，但要尽量利用建筑装修使管道隐蔽，这样不仅美观而且经济。

（9）冷库的冷却间、常温穿堂和氨压缩机房等处的楼面、地面应设地漏。

（10）冷却物冷藏间或冷却间的冲霜排水管不宜穿过冻结物冷藏间或冻结间，以免结冰阻塞。

4. 排水管道的设计

（1）库区排水常将污水、雨水系统分开，雨水一般采用地面明沟直接排放。

（2）屠宰车间内污水在排入局部处理设施以前的管段多采用宽而浅的明沟，上加铸铁箅子盖住，以便随时清除沉渣，避免淤积。

（3）融霜排水管的坡度不应小于2%，在通过保鲜库、穿堂等处时应考虑采取防止结霜的措施。

（4）室外排水一般采用混凝土管，其管顶埋设深度一般不宜小于0.7m，如在严寒地区，其管顶应在冰冻线以下0.4～0.6m。由于冷库污水中含固形物、油脂较多，为防止淤塞，管道设计流速宜大于0.8m/s，最小管径不小于200mm，并应采用5%的坡度。检查井的间距不宜大于15m。

四、水泵房及水泵设置

1. 水泵机组的布置形式

泵站机组布置应保证水泵机组运行安全，工作可靠，安装装卸检修和管理方便，尽可能使管道短捷，配件最少，并应考虑今后扩建的余地。机组布置的基本形式有以下几种。

（1）横向排列。数台水泵横向排成一列，其优点是泵房跨度小，敷设管线较短，管配件简单，管路便于连接；缺点是水泵房的长度较长，建筑造价高，如图5-63所示。

（2）纵向排列。其水泵机组布置得比较紧凑，管线便于安装，也便于操作，占用面积较横向排列稍小些；缺点是所需配件尤其是弯头较多，水力条件较差，泵房跨度大，如图5-64所示。

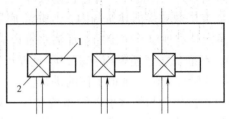

图 5-63　矩形泵站内机组横向排列
1—电动机　2—水泵

图 5-64　矩形泵站内机组纵向排列
1—电动机　2—水泵

（3）横向双行排列。横向双行排列的优点是水泵机组布置紧凑，管道可布置在泵房两侧，不需要横穿泵房，通道较宽敞，便于维修，所占面积最小；缺点是管线走向复杂，所需配件较多，泵房跨度较大，如图 5-65 所示。

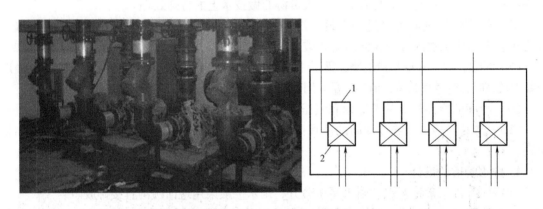

图 5-65　矩形泵站内机组横向双行排列

有关机组布置的一般要求见表 5-7。

2. 水泵的串联与并联

在实际工作中，为了增加系统中水流量和提高扬程，有时需要两台或两台以上的水泵联合运行。水泵的联合运行可分为并联和串联两种，如图 5-66 所示。

表 5-7　水泵机组布置的一般要求

序号	布　置　条　件	最　小　间　距
1	两水泵机组基础间净距 ①电动机容量为 20～55kW 时 ②电动机容量大于 55kW 时	不小于 0.8m（$P<20kW$ 时,可适当减小） 不小于 1.2m
2	①相邻两水泵机组突出基础部分的净距及机组突出部分与墙壁的净距 ②相邻两水泵机组突出基础部分的净距及机组突出部分与墙壁的净距（但电动机容量大于 55kW 时）	应保证水泵轴或电动机转子在检修时能拆,并不小于 0.8m 应保证水泵轴或电动机转子在检修时能拆,并不小于 1.2m
3	设专用检修点时	应根据机组外形尺寸决定,并应在周围设有不小于 0.7m 的通道
4	考虑就地检修时	每一机组旁应有一条大于水泵机组宽度 0.5m 的通道,并不小于第 1 项要求
5	泵房主要人行道宽度	1.0～1.2m
6	配电屏前通道宽度 ①低压 ②高压	不小于 1.5m 不小于 2.0m
7	辅助设施如真空泵、排水泵等	利用泵房空地靠墙设置,只需一边有通道

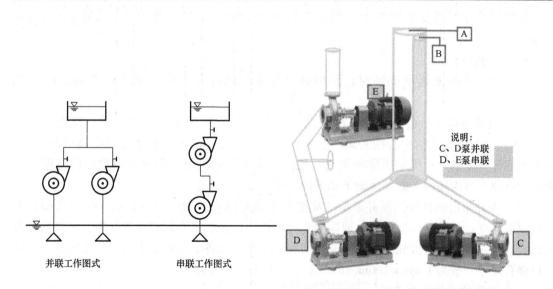

图 5-66　水泵联合工作示意图

（1）水泵的串联。如图 5-67 所示，将第一台水泵的压水管与第二台水泵的吸水管相连接，水由第一台泵吸入，立即转输给第二台泵，再由第二台泵输送到用水点，这种运行方式称为水泵的串联运行。水泵的串联运行可提高扬程，使通过水泵的水压力升得更高，满足系统中用户的使用要求。

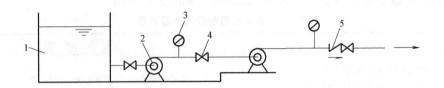

图 5-67　水泵的串联示意图
1—水池　2—水泵　3—压力表　4—闸阀　5—止回阀

（2）水泵的并联。水泵的并联运行如图5-68 所示，即用两台或两台以上的水泵向同一压水管路供水。这种运行方式在同一扬程的情况下，可以获得较单机工作时更大的流量，而且当系统中需要的流量较小时，可以停开一台，进行调节，使运行费用降低。

3. 水泵基础尺寸的确定

水泵基础用来固定水泵机组，使其运行平稳，减少振动。水泵基础应放在坚实的地基上，防止发生不均匀沉陷。一般基础的长度和宽度比从水泵样本中查出的机组底座长

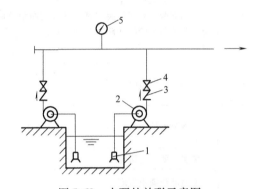

图 5-68　水泵的并联示意图
1—底阀　2—水泵　3—止回阀　4—闸阀　5—压力表

度和宽度大 100 ~ 200mm，深度按经验计算时，为 500 ~ 700mm。一般要求混凝土基础重量应大于机组总重量的 2.5 倍以上（混凝土密度为 1800kg/m³）。基础一般高出地面100 ~ 200mm 。

4. 泵房高度

（1）当泵房内无起吊设备时，泵房进出处室内地坪或平台至屋顶梁底的距离不小于 3.2m。

（2）当泵房有起吊设备时，泵房高度应考虑吊车或行车梁的高度、滑车高度、吊车（或行车）梁底至起重钩中心的距离、起重绳的垂直长度、最大一台水泵或电动机的高度、吊起物底部和最高一台机组顶部的距离、最高一台水泵或机组顶部至室内地坪的高度等因素，当有地下室时还应考虑泵房地下部分的高度。

（3）深井泵房的高度。深井泵房的高度需考虑井内扬水管的每节长度、电动机和扬水管的提取高度、检修三角架跨度、通风要求等因素，以便施工安装和检修管理。深井泵房内的起重设备一般采用可拆卸的屋顶式三角架和手拉葫芦设备。检修时临时安装于屋顶，屋顶的检修孔尺寸一般为 1.0m×1.0m。

5. 水泵管路及附件的布置

（1）水泵管路的布置与安装。水泵吸水管和出水管布置与安装得好坏直接影响水泵的正常使用。如果布置不合理，安装不正确，接头不严密，水泵的流量就会降低，运行不稳定，因此必须重视水泵管路的布置和安装。图5-69 所示为离心水泵管路与附件的布置与安装示意图。

（2）泵站内管道敷设的注意事项

1）泵站内的管道可以采用钢管或铸铁管，管道与水泵进出管的连接、与闸门和单向阀的连接管均采用法兰连接，其他采用焊接方法，泵站内不采用承插连接，因其检修困难。

2）埋深较大的地下式泵房和一级泵房的吸、压水管道沿地面敷设，地面式泵房或埋深较浅的泵房宜在管沟内敷设管道，可使泵房简洁，管理方便，维修场地宽敞。

3）互相平行敷设的管道，其净距应为 400 ~ 500mm。闸门、止回阀管道转弯处应设置承重支墩，以防止管件自重及水流作用所引起的作用力传至泵体，引起泵轴扭曲而损坏。

4）架空管道应安装于沿壁的支墩上，管底距地面不得小于 2.0m，不得安装在电气设备之上。

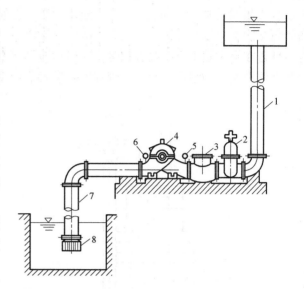

图 5-69　离心水泵管路与附件的布置与安装
1—压水管　2—闸阀　3—止回阀　4—水泵　5—压力表　6—真空表　7—吸水管　8—滤网和底阀

5）管道不得穿越机组基础及柱子，当穿越地下泵房的墙壁及吸水池壁时，应做好穿墙钢套管，以防漏水。

6）水泵吸水管一般采用一泵一管，即每台水泵单独设吸水管。吸水管要短，长度不宜超过 50m，尽量少转弯，以减少管路的水头损失。为防止吸水管内存有空气，吸水管的水平部分应有不小于 0.005 的沿水流方向上升的坡度。

【典型实例】

【实例1】 室内给水管道的敷设

根据建筑对卫生、美观方面要求的不同，室内给水管道可选择明装或暗装，一般民用建筑和大部分生产车间均为明装方式。

给水管道除单独敷设外，也可与其他管道一同架设，考虑到安全施工、维护等要求，当平行或交叉设置时，对管道间的相互位置、距离、固定方法等按管道综合有关要求统一处理。

引入管的敷设，其室外部分埋深由土壤的冰冻深度及地面荷载情况确定。穿过墙壁进入室内时，可由基础下面通过，也可穿过建筑物基础或地下室墙壁，如图 5-70 所示，但都必须保护引入管不致因建筑物沉降而受到破坏。为此，在管道穿过基础墙壁部分需预留大于引入管直径 200mm 的孔洞。在管外填充柔性或刚性材料，或者采取预埋套管、砌分压拱或设置过梁等措施。

水表节点一般装设在建筑物的外墙内或室外专门的水表井中。装置水表的地方气温应在 2℃ 以上，并应便于检修、不受污染、不被损坏、查表方便。为方便水表检修，水表前后应设置检修阀门。如果采用一条引水管，为使检修时建筑物不断水，应绕水表设旁通管。

管道在穿过建筑物内及楼板时，一般均应预留孔洞，待管道装完后，用水泥砂浆堵塞，以防孔洞影响结构强度。给水立管穿过楼层时需加设套管。

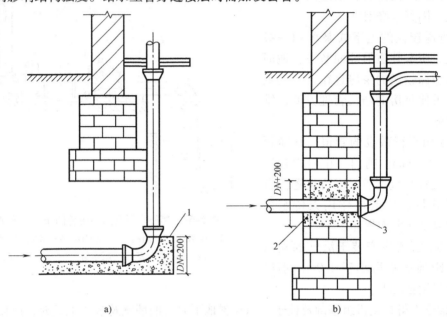

a)   b)

图 5-70   引入管穿入建筑物基础
1—混凝土支座   2—黏土   3—水泥砂浆封

【实例 2】 冷库排水管道的防冻、防漏及防腐

冷库内和库房外明露部分的管道必须有保温措施；设在地下室的冷藏间，其排水的集水井应防止冻结，并须有排水措施；管道出水口必须有水封装置或采取其他隔断气流的有效措施，寒冷地区的水封井应防止冻结。图 5-71 所示为冻结物冷藏间冷风机排水管穿地坪构造。

【实例 3】 制作管道棉毡缠包保温

先将成卷的棉毡按管径大小裁剪成适当宽度的条带（一般为 200～300mm），以螺旋状包缠到管道上。边缠边压边抽紧，使保温后的密度达到设计要求。当单层棉毡不能达到规定保温层厚度时，可用两层或三层分别缠包在管道上，并将两层接缝错开。每层纵横向接缝处必须紧密接合，纵向接缝应放在管道上部，所有缝隙要用同样的保温材料填充。表面要处理平整、封严，如图 5-72 所示。

保温层外径不大于 500mm 时，在保温层外面用直径为 1.0～1.2mm 的镀锌铁丝绑成图 5-72b 所示的缠包法保温结构，绑扎间距为 150～200mm，每处绑扎的铁丝应不小于两圈。当保温层外径大于 500mm 时，还应加镀锌铁丝网缠包，再用镀锌铁丝绑扎牢。当使用玻璃丝布或油毡做保护层时，就不必包铁丝网了。

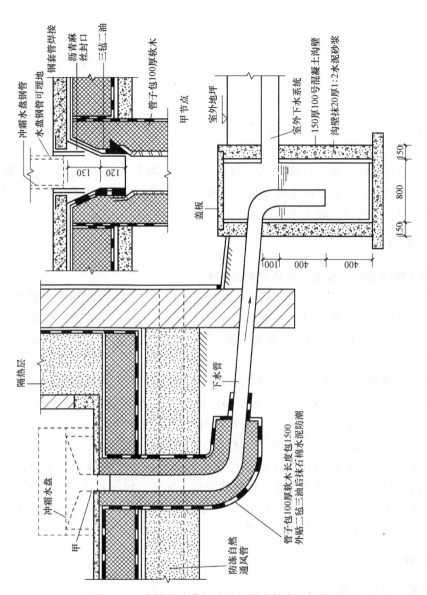

图 5-71　冻结物冷藏间冷风机排水管穿地坪构造

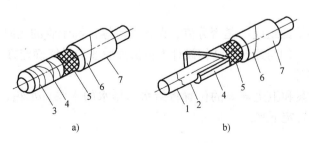

a)　　　　　　　　　　b)

图 5-72　棉毡缠包保温

1—管道　2—防锈漆　3—镀锌铁丝

4—保温毡　5—丝网　6—保护层　7—腐漆

课题四　冷库给排水系统设计程序

【相关知识】

冷库给排水工程包括新建工程和扩建工程，一般按照扩大初步设计与施工图设计两个阶段进行。

扩大初步设计文件包括设计说明书（包括工程设计概算）和有关图样两大部分；施工图设计是在扩大初步设计的基础上将设计的工程予以图形化。施工图设计要求设计说明和设计图样内容详尽，符合具体施工要求。

一、搜集资料

1. 明确建筑物的设计要求、标准与有关资料

给排水工程是整个建筑工程设计的组成部分，因而设计前必须了解整个建筑的设计要求与标准，相关图样要由建筑设计人员提供。其有关资料主要包括建筑、结构设计图样（平面，剖面）、卫生器具和生产用水设备的分布、位置、标高、类型、数量、室外消防能力和室内消防要求等资料。

2. 掌握有关的室外给排水管网和体制等资料

（1）由甲方提供或向自来水公司了解邻近本建筑的室外给水管网的布局和供水情况（包括水质、水价等）；商定房屋引入管接点位置，并了解该管道的坐标、标高、埋深、管径、流向、水压（最低、最高值和逐月、逐时变化情况）、管材等资料。

（2）由甲方提供或向市政工程了解邻近建筑的室外排水管网体制、布局、排水与接纳条件；商定出户管接点位置并了解该处外管的坐标、标高、埋深、管径、流向、坡度、管材及检查井的构造与尺寸、对排入水质的要求（是否设化粪池）等资料；走访和调查附近原有建筑（用户）的给排水系统的使用效果。

二、设计步骤

1. 确定系统的总方案

（1）确定给水系统的组成（是否设水箱、气压水罐、水泵等）、干管的形式、走向和是否要暗装等。

（2）确定排水系统的组成（是否分流、设化粪池等）和干管的走向。

（3）初步确定后，须与建筑、结构设计人员协商后才能最终确定方案。

2. 具体布局与定线

按已定的系统方案和卫生器具的位置将给水与排水的水泵、水箱、化粪池和干管、立管、支管等的具体位置定下来。

3. 进行水力计算

（1）确定给水管的管径和扬程并进行换算。如有水箱、水池、水泵，则须确定其工艺尺寸、型号和设置标高。

已知各管段的设计秒流量后，根据流量公式（圆管）确定流速 v，便可求得管径。

$$q = \frac{\pi}{4}d^2v \qquad\qquad (5\text{-}6)$$

式中　q——管段设计秒流量（m^3/s）；

　　　　v——管段中的流速（m/s）；

　　　　d——管径（m）。

（2）确定排水管管径、坡度和管内底标高值，核算出户管标高是否合适。如有化粪池，则须计算其工艺尺寸并确定其型号、标高。

4. 跨工种协调

（1）与其他工种（建筑、结构、供暖、电气等）设计人员会商所拟的给排水系统布局是否与其他专业的构件、管线等相矛盾，最后将各管的准确位置、标高、坡度确定下来。

（2）商定管道等穿基础、楼板、墙的预留孔洞尺寸和供固定管道或设备的卡、支吊架、铁件等预埋件的位置，并要求在土建图样中表示清楚。

三、编制设计计算说明书

1. 编制设计说明书

编制设计说明书应根据扩大初步设计的要求，对一些技术要求进行文字说明，其主要内容如下：

（1）设计依据：阐明设计项目的批准文号、建设规模与设计范围。

（2）供水水源的确定与取水、输配水方式。

（3）水文气象资料：包括气温、湿度、雨量、风向、风速潮位等。

（4）水量、水质与水温、水压：包括冷冻厂各用水对象对水量、水质及水温水压的要求，列出用水量表。

（5）供水工艺流程及冷凝器冷却水系统供水流程。

（6）主要给排水建（构）筑物平面尺寸、高度及容量。

（7）排水、生活污水、生产废水与雨水的处理及排放。

（8）应说明的问题。

（9）主要设备、管道材料表。

（10）给排水工程设计概算。

另外，水源调查报告、水质分析报告资料、供水协议等有关内容也可作为设计说明书的附件材料。

2. 编制设计计算书

应根据扩大初步设计的要求编制设计计算书，对一些设施设备进行技术数据的计算，其主要内容如下：

（1）原始资料。

1）供水水源水压及水文资料。

2）设计范围：主要指厂区内哪些生产线需进行给排水工程设计。

3）主库和室外地坪设计标高。

4）冷冻厂主要用水量分配数据，主要有冷凝用水、氨机冷却水、制冰用水、溶冰用水、冲霜用水和其他整理间的用水等。

5）冷冻厂建设规模。

6）氨机机头冷却水压力要求，一般为 0.1 ~ 0.15MPa。

（2）用水量。用水量主要有设计日用水量、最大小时用水量和平均小时用水量。

3. 各单项给排水工程设计计算

各单项给排水工程设计计算主要有水表井的计算、清水池计算、水塔容量的计算及校核、水泵房水泵的选择计算等。各生产车间，如理鱼间、冻结间、制冰间、氨机房等给排水要求，应单独设计计算。

四、绘制施工图

制冷空调给排水施工图绘制应按照《建筑给水排水制图标准》（GB/T 50106—2001）执行。

1. 施工图的绘制方法

（1）给排水图例。

1）管线。当各种不同性质的管路较多时，应在管路中注上不同的字母代号进行区分，见表 5-8。当管路不多时，一般都用不同的线型表示，如给水管用粗实线表示，排水管用粗虚线表示。

表 5-8　管中代号

类　　别	代　　号	类　　别	代　　号
生活给水管	—J—	废水管	—F—
热水给水管	—RJ—	污水管	—W—
热水回水管	—RH—	空调凝结水管	—KN—
循环给水管	—XJ—	膨胀管	—PZ—
循环回水管	—XH—	雨水管	—Y—
热媒给水管	—RM—	蒸汽管	—Z—
热媒回水管	—RMH—	凝结水管	—N—

管线一般用单线画，如在工艺构筑物视图上或其他详图上需要直观表示出大小、位置等时，可用双线。

管路的连接方式一般不需画出。但在水泵管路或某些节点上需要详细表明时，应按有关标准图例表示。

2）卫生设备及其他。卫生设备应按标准图例画出。生产设备可在图上注明。

（2）平面布置图。绘制平面布置图时，各种功能管道、管道附件、卫生器具、用水设备（如消火栓柜、喷头等）均应用各种图例表示。各种横、干、支管的管道管径、坡度等应标出。平面图上的管线均用单线绘出，沿墙敷设时不注管道距墙的距离。

一张平面图上可绘制几种类型的管道。一般给排水管道可在一起绘制，若图样管线复杂，也可分别绘制，以图样能清楚表达设计意图而图样数量又很少为原则。

平面布置图的比例一般与建筑图相同，常用比例为 1:100。施工详图可取 1:50 ~ 1:20。各层平面布置图上的各种管道立管应标明。厂区给排水平面图画法示例如图 5-73 所示；室内给排水平面图画法示例如图 5-74 所示。

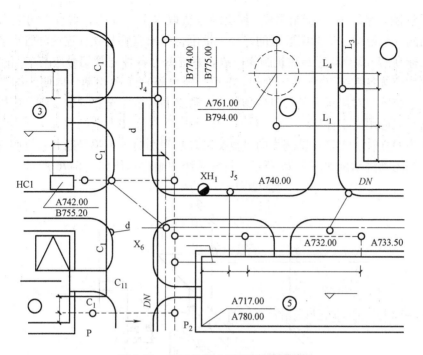

图 5-73　厂区给排水平面图画法示例

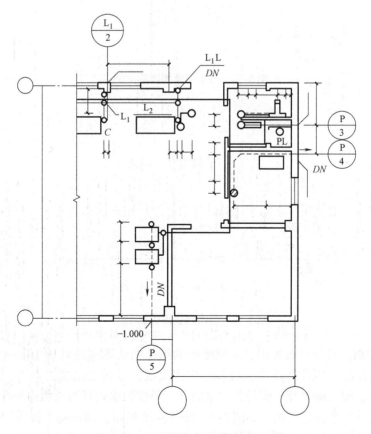

图 5-74　室内给排水平面图画法示例

（3）系统图。系统图又称轴测图，其绘制方法取水平、轴测、垂直方向完全与平面布置图比例相同。系统图上应标明管道的管径、坡度，标出支管与立管连接处管道各种附件的安装标高。标高的 ±0.000 应与建筑图相一致。系统图上各种立管编号应与平面布置图相一致。系统图均应按各系统（给水、排水、热水、雨水等）单独绘制，以便于施工安装和概预算应用。系统图中对用水设备及卫生器种类、数量和位置完全相同的支管、立管可以不重复完全绘出，但应用文字标明。

当系统图的立管、支管在轴测方向重复交叉影响识图时，可编号断开移到图面空白处绘制。给水系统图画法示例如图 5-75 所示；排水系统图画法示例如图 5-76 所示。

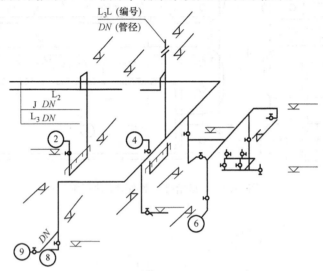

图 5-75　给水系统图画法示例

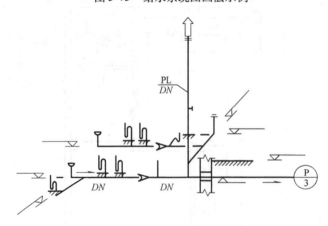

图 5-76　排水系统图画法示例

（4）施工详图。凡平面布置图、系统图中的局部构造因受图画比例限制表达不完善或不能表达时，为使施工概预算及施工过程不出现失误，必须绘出施工详图。卫生器具安装图、排水检查井、雨水检查井、阀门井、水表井、局部污水处理构筑物等均有各种施工标准图，施工详图应首先采用标准图，如图 5-77 和图 5-78 所示。绘制施工详图的比例以能清楚绘出构造为根据选用。施工详图应尽量详细注明尺寸，不应以比例代尺寸。

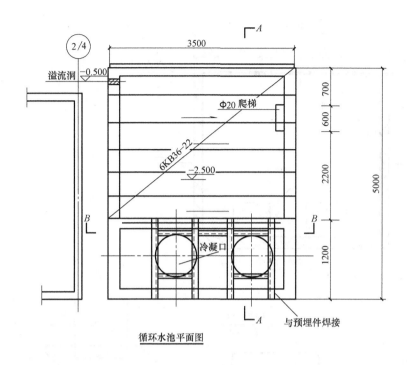

循环水池平面图

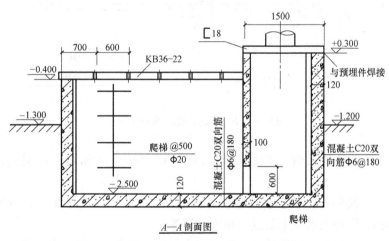

A—A 剖面图

图 5-77　循环水池平面图、A—A 剖面图

（5）尺寸。

1）管径。给水管和排水管均须在轴测图上标注"公称直径"，在管径数字前应加注代号"DN"。给水管的直线管路中，只需在管径变化的起端和终端管段旁注出，中间管段可不必标注。排水管同类型卫生器具上的承接支管，只需注出一个管径即可，不同管径的横管、立管、排出管均须每段分别标出。

2）坡度。给水管因为是压力流，一般不需坡度，但冷库中用于融霜的淋水管，应标明一定坡度坡向的泄水装置。排水管的坡度可注在管段相应管径的后面，较短的支管可不注坡度。

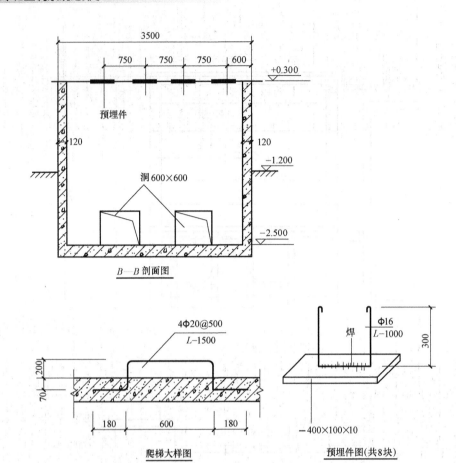

图 5-78 *B—B* 剖面图、埋件大样图

3）标高。室内给排水管路的标高均是指管路中心线的标高。以室内地面 ±0.000 为准。

给水管应注标高的有：管系引入管、各水平管段、阀门、放水龙头，卫生器具连接支管，各层楼地面，屋面及水箱上各进、出水管道等。

排水管应注标高的有：横管及排出管的起点标高，检查口及通气管网罩，各楼层地面及屋面等。

2. 编制施工说明

（1）凡在图上或所附表格上无法表达清楚而又须施工人员了解的技术数据、施工和验收要求等均须写在施工说明中。施工说明和施工图一样是施工验收的依据。

（2）一般须写明：尺寸单位、标高基准、比例尺、设备规格和防振、隔声等措施；管材、附件品种和规格；管道的接口、防腐、防冻、防结霜的方法；所采用的标准图名称和图号，施工注意事项，施工验收应达到的质量要求，管系的水压试验要求和有关图例等。

（3）中、小型工程均将"说明部分"直接写在图样上。内容很多时则要用专页编写（如有水泵等设备，尚须写明运行管理方法要点），且需与图样一并复制，同时发出。

【典型实例】

【相关知识】 水产冷库给排水工程设计相关知识

冷库给排水设计主要由冷库各个车间，如整理间、压缩机房、冻结间、制冰间及冷凝器冷却系统等组成。

一、理鱼间给排水系统设计

在食品冻结前都要对冷库做一次清洗整理工作，故一般都设有整理间。水产冷库这类整理间统称为理鱼间，鱼货在进冻前，应通过挑选、分类、清洗及装盘等几道工序，这些工序均在理鱼间内完成。

理鱼间给排水设计内容大致有理鱼间给水系统和排水系统两大部分。

1. 理鱼间给水系统

给水管道的布置一般有埋地、架空敷设和管沟敷设三种形式。埋地敷设时可沿墙、沿柱边埋设，管顶埋深可控制在 100～250mm，根据理鱼间的面积大小确定给水栓数量，一般可在每个建筑开间或柱头位置贴墙或贴柱头设置，给水龙头宜采用皮带水嘴，距地面高度宜在 1.0～1.2m 范围内。架空敷设时也应沿墙或沿柱子一侧设置，高度可考虑在 3m 左右，并设管卡固定。将管道敷设于管沟内称为管沟敷设，管沟敷设具有明露管段少，便于维修的优点，但增加了土建造价。

理鱼间给水管的管径应经水力计算后确定，给水流量可根据理鱼间日进冻鱼货量计算，由用水标准及理鱼台班数求得小时最大用水量，最远端给水栓水压一般要保证 3～5m 水头，皮带水嘴不宜小于 DN20，给水管道一般采用给水镀锌钢管，螺纹连接。在用海水理鱼的地区也可用水泥砂浆衬里的给水铸铁管或硬聚氯乙烯管。采用海水理鱼时，理鱼间同时应敷设淡水管道及 1～2 个给水龙头，用于理鱼间地面冲洗。理鱼间内应设洗涤池。

2. 理鱼间排水系统

由于理鱼间废水含杂质比较多，采用排水管道排水则较易堵塞且不易冲洗，故一般多采用排水沟排水，沟顶设活动铸铁或水泥盖板，盖板应有圆形或条形排水孔（且理鱼间地面找平时应坡向排水沟），以利于集水。

排水沟的宽度与深度应根据计算排水流量确定，一般宽度不小于 350mm，深度除有效水深外，另加自由高度及盖板厚度。沟道坡度一般以 0.02 为宜，起点深度为 250～300mm。为了便于截留与清除理鱼间理鱼废水中的杂质，在排水沟的末端宜设室内或室外井。

排水井平台尺寸在 800mm×800mm～1000mm×1000mm 范围内，以便清理截留于井内的杂质或其他固体物质。井深由盖板排水沟末端深度及排水井出水管（沟）底的高程确定。排水井出水管（沟）底的埋设深度又受到总体排水系统及室外管道埋深、冰冻情况等诸因素的制约，故应全面考虑。另外，在接近排水沟末端宜设钢筋格栅，以便拦截杂质。排水沟道如图 5-79 所示。

二、冻结间、恒温库给排水系统

冻结间内温度一般为 -23℃，一般采用冷风机送风强制循环。在冻结过程中，冷风机的

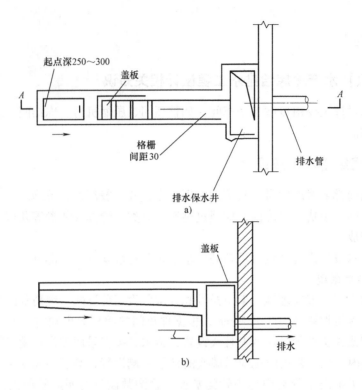

图 5-79 排水沟道

a) 平面图 b) A—A 剖面图

翅片管外壁会结霜，影响换热，因而必须定时冲霜，一般采用热氨和水联合冲霜方式。

冻结间给排水设计的任务为：定时冲霜送水并将冲霜后的水及霜渣迅速排出冻结间外；为防止冻结间内冷气经排水管道跑失，在冻结间外应设置预防跑冷的水封并设置水冲霜调节站，以灵活掌握各冻结间的冲霜动作。

1. 冲霜给排水管道

由于冻结间内外的温差很大，所以防止水流在冻结间内的给排水管道中因低温冻堵是冲霜给排水管道设计的要点。通常，在冻结间外，给水管道应坡向水流的逆向，而在进了冻结间之后，管道则应坡向水流的正向，即坡向冷风机冲霜管接口。且管道敷设坡度应大于0.02。这样处理的目的在于，当冲霜即将结束，关闭冲霜给水阀门时水流质点越过冻结间墙体及保温层时能迅速流向冷风机内冲霜排管，而其他水流质点尚未到达墙体时，则能领先反坡向的给水横管流回水冲霜调节站并经调节站的泄水管排入常温下水道，如图 5-80 所示。

2. 冲霜给水流量

在制冷工艺设计中，冷冻间的冻结能力通常是以一天两冻来控制的，其中 20h 为冻结时间，24h 作为冻结时进出货物操作时间及水冲霜工作时间，每次冲霜时间为 15～20min。冲霜给水流量按照每平方米冷风机翅片管面积每小时需要的给水流量经验数据 0.035～0.05m³ 和冷风机翅片管面积即可算出。

3. 冲霜排水

冻结间的排水主要是冲霜水以及被水融化或部分融化了的霜渣，水流冲洗翅片管上的结

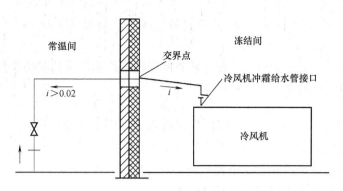

图 5-80　冲霜给水管

霜，流到冷风机下部集水底盘上，再沿与底盘上的排水孔洞连接的排水管道排至冻结间外面，为了冲净结霜，除了应保证冲霜时间外，冲霜水压不应小于 0.05MPa。

为了防止水流在冻结间的排水横管内冻堵，应使水流能迅速排至户外。因此，排水管的坡度一般均要求在 0.02 以上，冲霜排水管宜采用金属管材。另外，为减少冻结间的冷气沿着排水管道外逸，在户外排水管道末端应设置水封井。在连接冷风机集水底盘排水孔洞并穿越冻结间地坪的管段，应保温以防止冷桥产生，也可采用非金属（如玻璃钢）管材。

冲霜用水温度一般为 15～25℃，水温过高将造成冻结间起雾，过低则延长了融霜时间。因此，冲霜水温过高时，应考虑水的冷却措施。

冲霜排水应尽量考虑回收利用或重复使用。冲霜用水一般由冲霜水泵供给，有的也采用水塔或高位水池冲霜。

4. 冲霜调节站

冲霜调节站起着控制水冲霜时间的作用，在有两个或两个以上冻结间时，调节站则能按照冻结间冷风机冲霜的要求，对任何一个冻结间进行冲霜。

5. 水封井

水封井是防止冻结间冷气沿冲霜排水管道外逸的小型排水建筑物。

6. 冻结间地漏排水

冻结间地漏排水用于排除冻结间的生产用水。

三、氨压缩机房给排水系统

氨压缩机房给排水系统设计的主要内容为氨机冷却水给排水管道。

1. 氨机冷却水

氨压缩机在工作过程中，气缸套温升较大，应采用水冷却方式以保证氨机的正常运行。氨机冷却水水质与冲霜用水水质均应符合表 5-9 的要求。

表 5-9　水质标准表

指　标	最大允许含量
浑浊度	50～100mg/L
铁	0.3mg/L
硫化氢	0.5mg/L
硫酸钙	1500～2000
碳酸盐硬度	8～30 度

氨机冷却水进口处要求压力一般为 0.15MPa，最低不应小于 0.10MPa，不大于 0.30MPa，冷却水水温不宜超过 30℃。

氨机冷却水耗量一般由制冷工艺提供或查阅制造厂产品样本提供的数据。

氨机气缸套冷却水消耗量也可依据下式计算

$$G = \frac{860 N_e \xi}{1000 \Delta t} \tag{5-7}$$

式中　　N_e——氨机轴功率（kW）；

　　　　ξ——冷却水带走的热量占全部热量的百分比，一般 $\xi = 0.13 \sim 0.18$；

　　　　Δt——气缸套进出水温差，一般 $\Delta t = 5 \sim 10℃$。

2. 冷却水给排水管道

冷却水给排水管道一般沿设备基础布置，为检修方便，宜采用管沟敷设，根据制冷工艺提供的机械设备布置图，明确氨机冷却水进出水方向与接管高度，进行管线布置。

冷却水给水管径应通过水力计算确定，氨机设备进、出水管径一般在样本中可查到。

氨机冷却水管道一般与给水管道一起敷设于管沟内，排水管坡度应根据有关规范规定选用，其排出管的排出方向与敷设高程应考虑到总平面下水道的连接。为了延长氨机的使用寿命，应尽量采用淡水。为了节约用水，在设计上可将氨机排水排入循环冷却系统的集水池内，作为该系统的补充水量。

管沟净宽由敷设管道的管径根数及便于维修等诸因素确定，管沟内应有排水措施。

氨机冷却给水管一般采用给水镀锌钢管或焊接钢管。排水管一般采用排水铸铁管，承插接口。

氨机冷却水进水管宜有两路进水设施，防止氨机在工作时突然断水。

3. 氨机断水保护

氨机冷却水排水一般由钢制喇叭口承接，下接排水管道排走，设备排水接管与喇叭口之间通常有 100mm 左右的间距，排出的水流可见。但若由于某些意外原因而产生断水且值班人员未发现时，氨机在无水冷却情况下运转，极易发生意外事故，故应设置氨机断水保护装置。

4. 其他

机房内通常设有电缆沟，冷却给排水管道应尽量避免与电缆沟相邻，防止水流入电缆沟内。在电缆沟的端头或适当位置上应采取排水措施。

在机房及辅助设备间内，应有洗涤盆或污水池及冲洗地面的给水栓和排水设施。

四、制冰间给排水系统

制冰间给水设计的目的在于：向冰桶注水箱、融冰池及制冰盐水池送水。

注水箱的大小及其箱内的分格取决于制冷工艺设计的日制冰生产量、每排冰桶个数及每个冰桶的容积，如图 5-81 所示。注水箱内的分格数与每排冰桶个数相同，且每个冰桶的容水量等于每个分格的子储水量。

注水箱的平面尺寸及容积一般由制冷工艺提供，注水箱大多采用钢板焊接而成。

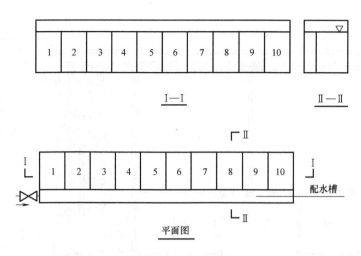

I—I　　　　　II—II

平面图

图 5-81　注水箱

为了使注水箱能自动进水，设计上多采用电磁阀控制，即当注水箱内的水向冰桶送水完毕时，箱内水位下降，电磁阀即自动打开供水。进注水箱的给水管道和溢流管宜采用镀锌钢管，且应尽可能沿墙敷设。融水池的设计应考虑在其上方设有给水栓，池底应有放空排水措施，以便于融冰池换水。

考虑到配制盐水用水和调节盐水浓度用水，给水管道应考虑设计 1~2 个给水栓或给水皮带水嘴，以便向冰池注水。

融冰池周围地面应有一定的坡度坡向沟道，以便排水。

【实例】 某冷库给排水系统设计实例

冷库给排水主要由冷库冷冻机冷却水、生活用水和其他用水组成。冷冻机冷却水的水压不得小于 0.15MPa（表压），水温不超过 33℃，供水量为 16t/h。当水温在 30℃ 以下时，供水量为 14t/h，水质要求浑浊度不大于 100mg/L，碳酸盐硬度不大于 12 度。

1. 冷库主要技术数据

冷库主要技术数据见表 5-10。

表 5-10　冷库主要技术数据

项目名称	建筑面积/m²	库容量/t
低温冷芷间	176	99
高温冷芷间	27	8
结冻间	36	3.26
机房	91	
其他	81	
总计	411	110.26

2. 给排水平面布置图实例

某冷库给排水平面布置图如图 5-82 所示，水泵间给排水平面图如图 5-83 所示。

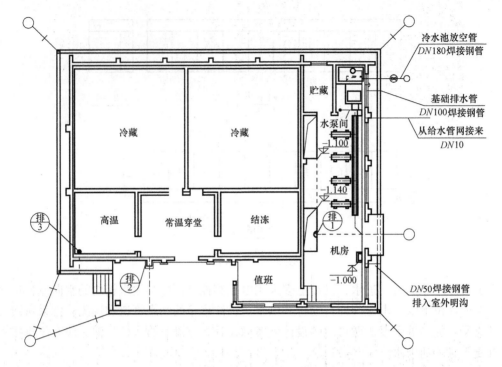

图 5-82 某冷库给排水平面布置图

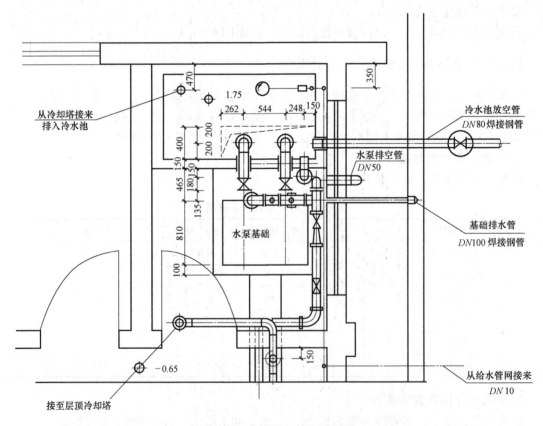

图 5-83 水泵间给排水平面图

【习题】

一、填空题

1. 室外给水系统通常由_____、净水构筑物、_____和输配水管网和泵站等组成。

2. 室外给水系统根据建筑的特点不同一般分为_____、分压给水系统、分质给水系统、_____四种类型。

3. 室外常用的给水方式有_____、_____、集中或分散加压的给水方式三种。

4. 室内给水系统根据用途一般可分为_____、_____和消防给水系统三类。

5. 建筑内部给水系统的任务是根据_____对水量、水压的要求，将水_____输送到装置在室内的各种配水龙头、生产机组和消防设备等_____。

6. 室内给水方式的基本形式有_____、_____、设水箱和水泵的给水方式、分区给水方式、枝状环状给水方式和高层建筑竖向分区给水方式六种。

7. 室外排水管道系统由_____、户前管、_____和干管等组成。

8. 雨水排水系统主要由房屋的_____和设备、街坊或厂区_____、街道雨水管渠系统、排洪沟和出水口组成。

9. 室外排水管主要依靠_____，常用管材有_____和缸瓦管。

10. 排水的来源可分为_____、_____、及雨、雪水三类。

11. 按所排污水的性质不同，室内排水系统一般分为_____、工业废水排水系统和_____三类。

12. 生活污水排水系统是指在住宅、公共建筑和工厂车间的生活室内安装的排水系统，用以排除人们日常生活中的_____、洗涤和_____污水。

13. 室内排水系统一般包括污废水收集器、_____、横管、_____、排出管、_____和清通设备等。

14. 室内排水管道的布置应满足_____、便于维护管理、_____、保证生产和使用安全以及经济和美观的要求。

15. 室内排水管道的布置不得影响和妨碍房屋的_____和室内各种设备功能的_____，还要便于安装和维护管理，_____和美观的要求。

16. 排水横管的设置应根据_____的位置和_____要求而定。

17. 排水立管应布置在污水_____、杂质量多、_____、排水量最大的排水点处。

18. 根据《冷库设计规范》（GB 50072—2010）的规定，冷库给水的水源应_____选用城镇自来水或_____、地表水。

19. 冷库循环水冷却系统均为_____，可分为_____、重力回流式循环水冷却系统_____三类。

20. 布置泵站机组应保证水泵机组运行安全，_____，安装装卸检修和_____，尽可能使管道_____，配件最少，并应考虑今后扩建的余地。

21. 设计说明书的编制，应根据扩大初步设计的要求，对一些_____进行文字说明。

二、判断题

1. 给水立管又称竖管，是自水平干管沿垂直方向将水送至各楼层支管的管段。（　　）
2. 支管又称配水管，是自立管至配水龙头或用水设备之间的长管。（　　）
3. 室内给水的方式就是室内给水管道的供水方案。（　　）
4. 直接给水方式是室内给水管道系统与室外供水管网直接相连，利用室外管网压力直接向室内给水系统供水的方式。（　　）
5. 室外的排水只有合流制。（　　）
6. 居住小区雨水口的布置，应根据地形、建筑和道路的分布等情况确定。（　　）
7. 户前管是指布置在建筑物周围，可接纳一两幢建筑物的各污水排出管流来污水的管道。（　　）
8. 排水横管是连接器具排水管与立管之间的水平支管。（　　）
9. 高层建筑生活污水和室内雨水应分别设置排水系统。（　　）
10. 室内排水管的横管和立管多选用钢管和硬聚氯乙烯（UPVC）管。（　　）
11. 排出管应有一定的坡度，一般情况下采用标准坡度，管道最大坡度不得大于15%，以免管道落差过大。（　　）
12. 立管检查口安装高度由地面至检查口中心一般为2m，允许偏差为±20mm。（　　）
13. 室内排水管道渗漏，多发生在横管或存水弯上的砂眼、裂缝等处。（　　）
14. 一幢单独建筑物的给水引入管，宜从建筑物用水量最小处引入。（　　）
15. 一般在水源的水量充足、水温适宜、排水方便地区的冷却水给水可优先考虑直流给水。（　　）
16. 水泵的串联运行可提高扬程，使通过水泵的水压力升得更高，满足系统中用户的使用要求。（　　）

三、简答题

1. 简述室外给水管道的布置原则。
2. 如何选择室内给水方式？
3. 简述冷库建筑室外排水管道的布置原则。
4. 简述引起室内排水管道堵塞的原因。
5. 冷库用水的水温应符合哪些规定？
6. 如何进行冷库排水的设计？
7. 进行泵站内管道敷设时应注意什么？

附录

附录 A 习题参考答案

单 元 一

一、填空题

1. 冷水、开水供应、工程设施
2. 供水设备系统、排水设备系统、消防设备系统
3. 城市供水管网
4. 生活用水、消防用水
5. 消防箱、各式消防喷头、消火栓
6. 各种设备及管道、维护
7. 给排水设备设施、设备维修资料
8. 合理的运行制度、运行操作规定、良好运行
9. 机电设备的运行、一般性故障、设备设施的维修保养工作、汇报
10. 文明安全、安全操作、安全作业训练

二、判断题

1. × 2. √ 3. × 4. √ 5. × 6. √ 7. √ 8. √ 9. ×

三、简答题

1. 答：排水设备系统分为房屋或构筑物内部污废水、雨雪水排放和物业管理小区内庭院的污废水、雨雪水排放两大部分。其中主要涉及室内排水管道、通气管、清通设备、抽升设备、室外小区检查井和排水管道等。

排水系统按照所接收的污废水的性质，可分为生活污水、工业废水和雨水排水系统三大类。排水体制有分流制和合流制。三类水共用一套管网排放称为合流制，三类水分别排放称为分流制。

2. 答：给排水维修组人员的主要职责有：熟练掌握设备的结构、性能、特点和维修保

养方法；按时完成设备的各项维修、保养工作，并做好有关记录；保证设备与机房的整洁；严格遵守安全操作规程，防止发生事故；发生突发情况，应迅速采取应急措施，保证设备正常完好；定期对设备进行巡视、检查，发现问题及时处理等。

3. 答：给排水设备设施管理的内容涉及很多，根据具体的给排水系统及设备种类而定，但一般主要包括以下几个方面。

（1）给排水设备设施的基础资料管理。

（2）给排水设备设施的日常操作管理。

（3）给排水设备设施运行管理。

（4）给排水设备设施的维修养护管理。

（5）文明安全管理。

单 元 二

一、填空题

1. 悬浮物质、细菌、要求

2. 废水污染、各类危害

3. 澄清、除臭除味、软化

4. 悬浮物、胶体

5. 水质、小型试验

6. 外部处理、内部处理

7. 阳离子交换剂、交换

8. 水中硬度和重碳酸盐、补给化学药品

9. 初次灌水量、尺寸

10. 去垢、防锈

11. 机械、化学

12. 筛分法、沉淀法

二、判断题

1. √ 2. × 3. √ 4. √ 5. × 6. √ 7. √ 8. × 9. √ 10. × 11. √

三、简答题

1. 答：给水处理工艺流程的布置原则如下：

（1）流程力求简短，避免迂回重复，净水过程中的水头损失须最小。构筑物尽量相互靠近，便于操作管理和联系活动。

（2）尽量适应地形，力求减少土石方量。地形自然坡度较大时，应尽量顺等高线布置，在不得已的情况下，才做台阶式布置。

（3）注意构筑物朝向：滤池的操作廊、二级泵房、加药间、化验室、检修间、办公楼均有朝向要求，尤其应注意散发大量热量的二级泵房对朝向和通风的要求。实践表明，水厂建筑物以接近南北向布置较为理想。

（4）考虑近远期的协调：水厂明确分期建设时，流程布置应统筹兼顾，近远结合并有近期的完整性，避免近期占地过早。

2. 答：支持水体自净的措施有：

（1）在适宜的情况下，通过技术措施提高水体的自净能力，则可以取得和污水人工净化一样的效果。

（2）对于受到严重污染的河流，可采用泄水道。

（3）人为提高枯水期的河水流量，即用净水稀释污水与河水的混合水。

（4）冲洗。天然河流通常通过周期性的洪水清洗它的河床来完成自净。在淤塞的河段中用人工冲洗是很有效的方法。

（5）在河床冲洗的地方挖泥，可使用浮筒式挖泥机。

（6）人工曝气。

（7）向河水中投加硝酸盐。

（8）向河水中投氯。

单 元 三

一、填空题

1. 空调负荷变化

2. 离心式

3. 胀缩量、系统供水

4. 调水流量、变转速与变工作台数的组合

5. 管内流动、交换

6. 换热器、壳体

7. 主要、低温水

8. 交汇处、高程变化处

9. 地表水、收集雨水、进水算

10. 喷嘴、挡水板、外壳和排管、底池

二、判断题

1. √   2. ×   3. ×   4. √   5. √   6. ×   7. √   8. √   9. √   10. ×   11. ×   12. √   13. √

三、选择题

1. D   2. A   3. B   4. B

四、简答题

1. 答：离心泵在起动之前，要先用水灌满泵壳和吸水管道，然后起动电动机带动叶轮和水做高速旋转运动。此时，水受到离心力作用被甩出叶轮，经蜗形泵壳中的流道而流入水泵的压力管道，由压力管道而输入到管网中去。与此同时，水泵叶轮中心处由于水被甩出而形成真空，集水池中的水便在大气压力作用下，沿吸水管源源不断地被吸入到泵壳内，又受

到叶轮的作用被甩出，进入压力管道形成了离心泵的连续输水过程。

2. 答：一级保养由值班人员承担，每天进行。二级保养由值班人员承担，每运行720h进行一次。小修由检修人员承担，值班工作人员参加，每运行1800h进行一次。大修根据小修的工作情况确定时间。

3. 答：水泵起动后出水管不出水的故障原因有以下几种。

(1) 进水管和泵内的水严重不足。

(2) 叶轮旋转方向反了。

(3) 进水和出水阀门未打开。

(4) 进水管部分或叶轮内有异物堵塞。

(5) 转速未达到额定值。

4. 答：维护保养工作的重点：一是保持塔内外各部件的清洁；二是保障风机、电动机及其传动装置的性能良好；三是保证补水与布水（配水）装置工作正常；四是定期消毒，防止引发军团病。

5. 答：气压给水装置就是利用密闭压力水罐内空气的压力，将罐中贮水压送到供水系统中去，其作用与屋顶水箱相同。由于供水压力是借助罐内压缩空气维持的，因此气压水罐的位置可不受安装高度和安装位置的限制，设置在任何高度。气压给水装置的优点是灵活性大，制造简单，污染较小，不妨碍美观，有利于抗震和消除管道中的水锤与噪声。缺点是压力变化大，效率低，运行复杂，须常充气，耗电多，供水的稳定性不如屋顶水箱可靠。

6. 答：风机盘管是风机盘管空调机组的简称，从结构形式看，风机盘管有立式、卧式、嵌入式和壁挂式等；从外表形状看，可分为明装和暗装两大类。风机盘管主要由风机、肋片管式水—空气换热器和接水盘等组成。

7. 答：在排水管道上设置检查井的作用主要是：

(1) 便于定期维修及清理疏通管道。

(2) 在直管段起连接管道作用。

(3) 管道汇流处可起三通、四通的作用。

(4) 管道弯径处，变坡度时应设置检查井。

8. 答：进行化粪池的维护时应注意：

(1) 要严格按设计时所选定的污泥清掏周期掏取污泥。

(2) 每次掏泥须留下约20%的熟污泥在池内，这样有利于保证池处理功能。

(3) 每次掏泥后要将井盖盖好，这样既有助于池内污水保温，又能保证安全。

单 元 四

一、填空题

1. 开式系统、闭式系统，两管制、三管制、四管制，同程式回水方式、异程式回水方式，定水量、变水量水系统，单式泵、复式泵系统

2. 直流式、混合式、循环式

3. 设置水泵、一次水泵

4. 平衡阀

5. 吸入管段、进水管上

6. 冷凝器、降温散热

7. 金属管、复合管

8. 水压、供应

9. 镀锌、无缝、无缝

10. 软钎料焊接、挤压

二、选择题

1. D　2. D　3. C　4. A　5. B　6. A　7. B　8. C　9. D　10. A

三、简答题

1. 答：同程式回水方式：供、回水干管中的水流方向相同，经过每一环路的管路长度相等。由于经过每一并联环路的管长基本相等，如果通过每米长管路的阻力损失接近相等，则管网的阻力不需调节即可保持平衡，所以系统的水力稳定性好，流量分配均匀。异程式回水方式：供、回水干管中的水流方向相反，每一环路的管路长度不等。该方式的优点是管路配置简单，不需回程管，管材省，但是由于各并联环路的管路总长度不相等，存在着各环路间阻力不平衡现象，从而导致了流量分配不匀。

2. 答：从大的方面看，影响水系统方案构思的因素有建筑物的位置、造型、规模、层数、结构、平面布置、使用功能与区域划分及空调系统（或空调方式）的选择与分区等。从细节看，建筑物中中央机房、空调机房（含新风机房）的设置，设备层的安排，管井的布局，管孔的预留，屋面结构及布置等都与水系统方案的构思紧密相关。此外，构思空调水系统方案时，还需兼顾生活水系统、消防水系统、空调风道系统、建筑电气系统及室内装修等的方案，协调统筹考虑。

3. 答：（1）水系统形式的选择与分区。

（2）水系统的调节与控制。

（3）水系统辅助设备和配件的配置与选择。

（4）水系统管网布置及走向。

（5）水系统的防腐、保温和保护等。

4. 答：每台冷水机组应各配置一台冷水泵。考虑维修需要，宜有备用水泵，并预先接在管路系统中，可随时切换使用。例如有两台冷水机组时，常配置三台冷水泵，其中一台为可切换使用的备用泵。若冷水机组蒸发器或热水器有足够的承压能力，可将它们设置在水泵的压出段上，这样有利于安全运行和维护保养。若蒸发器或热水器承压能力较小，则应设在水泵的吸入段上。冷水泵的吸入段上应设过滤器。

5. 答：（1）冷却塔选定后，从产品样本查知所选冷却塔的运行重量及安全系数，校核安装地基承载能力。

（2）冷却塔宜安装于屋面或空气流畅处，避免安装在烟尘多、有热源、有异物坠落的场所，不适宜安装在有腐蚀性气体产生之处，如烟囱旁边、温泉地区等。

（3）相邻两座冷却塔塔体间的最短距离应大于一座塔塔体最大直径的一半，冷却塔入风口端与平行建筑物之间最短距离应大于塔体高度，冷却塔位置必须预留适当空间，以便配管。

（4）配管大小应与塔体接管尺寸一致，循环水出入水管的配管应避免突然升高，循环水出入水管和冷却水泵的安装标高的最大值也应低于正常运行中接水盘中的水面，大于$DN100$的循环水出入口接管处宜装防振软管。

（5）冷却塔基础需按规定尺寸预埋好水平放置的钢板，以机械安装基础的公差为准；在用地脚螺栓连接时，地脚螺栓应旋紧；冷却塔的基础若要加装避振器时，冷却塔的支持脚与避振器间必须装设整体底座，以免受力不均导致冷却塔损坏。

单　元　五

一、填空题

1. 取水构筑物、调节构筑物
2. 低压统一给水系统、调蓄增压给水系统
3. 直接给水方式、设有高位水箱的给水方式
4. 生活给水系统、生产给水系统
5. 各类用户、由城市给水管网（或自备水源）、各用水点
6. 直接给水方式、设水箱的给水方式
7. 排水管、支管
8. 雨水管道系统、雨水管渠系统
9. 重力流、混凝土管
10. 生产废水、生活污水
11. 生活污水排水系统、雨雪水排水系统
12. 盥洗、粪便
13. 器具排水管、立管、通气管
14. 水力条件最佳、保护管道不易受损坏
15. 使用、正常发挥、满足经济
16. 污水收集器、管道设置
17. 水质最脏、污物浓度最大
18. 就近、地下水
19. 敞开式、压力回流式循环水冷却系统、需要经处理的循环水冷却系统
20. 工作可靠、管理方便、短捷
21. 技术要求

二、判断题

1. √　2. ×　3. √　4. √　5. ×　6. √　7. √　8. √　9. √　10. ×　11. √　12. ×
13. √　14. ×　15. √　16. √

三、简答题

1. 答：室外给水管道的布置要遵循以下原则：

（1）小区干管应布置成环状或与城镇给水管道连成环网。小区支管和接户管可布置成枝状。

（2）小区干管宜沿用水量较大的地段布置，以最短距离向大用户供水。

（3）给水管道宜与道路中心线或主要建筑物呈平行敷设，并尽量减少与其他管道的交叉。

（4）给水管道与其他管道平行或交叉敷设的净距，应根据管道的类型、埋深、施工检修的相互影响、管道上附属构筑物的大小和当地有关规定等条件确定。

（5）给水管道与建筑物基础的水平净距：管径为 100～150mm 时，不宜小于 1.5m；管径为 50～75mm 时，不宜小于 1.0m。

（6）生活给水管道与污水管道交叉时，给水管应敷设在污水管道上面，且不应有接口重叠；当给水管道敷设在污水管道下面时，给水管的接口离污水管的水平净距不宜小于 1.0m。

（7）给水管道的埋设深度，应根据土层的冰冻深度、外部荷载、管材强度、与其他管道交叉等因素确定。

（8）管网上应设消防分隔阀门。阀门应设在管道的三通或四通处，三通处设两个，四通处设三个，皆设在下游处。当两阀门之间消火栓的数量超过 5 个时，在管网上应增设阀门。

2. 答：室内给水方式的选择必须依据用户对水质、水压和水量的要求，室外管网所能提供的水质、水量和水压情况，卫生器具及消防设备在建筑物内的分布，用户对供水安全可靠性的要求等条件来确定。

3. 答：冷库建筑室外排水管道的布置要遵循以下原则：

（1）排水管道的布置要求管线短、埋深小，尽量以自流排水为原则。

（2）如果小区的污水和雨水能自流排入城镇排水管道系统，或者雨水能就近排入水体，可布置成几条分散管道系统就近排出。

（3）排水管道的布置应按小区干管、支管、户前管的顺序进行。

4. 答：引起室内排水管道堵塞的原因主要有：

（1）施工质量有问题，管道敷设坡度太小或有倒坡现象，使管内水流速度过慢，水中杂质在管内沉积下来，引起管道堵塞。

（2）使用者不注意，将破布、硬块、棉纱类等杂物掉入管内，引起管道堵塞。

（3）排水口地面附近泥沙冲入管内，沉积下来，越积越多，堵塞管道。

室内排水管道被堵时，地漏和卫生器具下部可能冒水，或者从最低器具往外返水，如果堵塞部位在楼上，就会出现楼板漏水现象。检修时，可根据具体情况判断堵塞位置，以确定排除的方法。

5. 答：冷库用水的水温应符合下列规定：

（1）除蒸发式冷凝器外，冷凝器的冷却水进、出口平均温度应比冷凝温度低 5～7℃。

（2）冲霜水的水温不应低于 10℃，不宜高于 25℃。

（3）冷凝器进水温度最高允许值：立式壳管式为 32℃，卧式壳管式为 29℃，淋浇式为 32℃。

6. 答：（1）库区排水常将污水、雨水系统分开，雨水一般采用地面明沟直接排放。

（2）屠宰车间内污水在排入局部处理设施以前的管段多采用宽而浅的明沟，上加铸铁箅子盖，以便随时清除沉渣，避免淤积。

（3）融霜排水管的坡度不小于2%，在通过保鲜库、穿堂等处时应考虑采取防止结霜措施。

（4）室外排水一般采用混凝土管，其管顶埋设深度一般不宜小于0.7m，如在严寒地区，其管顶应在冰冻线以下0.4～0.6m。由于冷库污水中含固形物、油脂较多，为防止淤塞，管道设计流速宜大于0.8m/s，最小管径不小于200mm，并采用5%的坡度。检查井的间距不宜大于15m。

7. 答：（1）泵站内的管道可以采用钢管或铸铁管，管道与水泵进出管的连接、与闸门和单向阀的连接管均采用法兰连接，其他采用焊接方法，泵站内不采用承插连接，因检修困难。

（2）埋深较大的地下式泵房和一级泵房的吸、压水管道沿地面敷设，地面式泵房或埋深较浅的泵房宜采用管沟内敷设管道，可使泵房简洁，管理方便，维修场地宽敞。

（3）互相平行敷设的管道，其净距应在400～500mm。闸门、止回阀管道转弯处应设置承重支墩，以防止管件自重及水流作用所引起的作用力传至泵体，引起泵轴扭曲而损坏。

（4）架空管道应安装于沿壁的支墩上，管底距地面不得小于2.0m，不得安装在电气设备之上。

（5）管道不得穿越机组基础及柱子，当穿越地下泵房的墙壁及吸水池壁时，应做好穿墙钢套管，以防漏水。

（6）水泵吸水管一般采用一泵一管，即每台水泵单独设吸水管。吸水管要短，长度不宜超过50m，尽量少转弯，以减少管路的水头损失。为防止吸水管内存有空气，吸水管的水平部分应有不小于0.005沿水流方向上升的坡度。

附录 B　高层工业建筑消火栓给水系统消防用水量

高层工业建筑名称		建筑高度 /m	室内消防 用水量 /(L/s)	每根竖管 最小流量 /(L/s)	每支水枪 最小流量 /(L/s)
厂房	纺织工业楼、服装加工楼、特种工艺美术制作楼、制革工业楼、卷烟工业楼、电视机和录音机装配楼、电子工业楼、综合加工楼、其他丙类生产工业楼	≤50	25	15	5
		>50	30	15	5
	精密仪器仪表生产楼、手表生产楼、其他丁、戊类生产工业楼	≤50	15	10	5
		>50	20	10	5
仓库	棉、毛、丝、化纤织物及制品楼库、电子产品、家用电器楼库、日用百货楼库、其他丙类物品楼库	≤50	30	15	5
		>50	40	15	5
	非燃烧物品和难燃烧物品楼库	≤50	20	10	5
		>50	25	10	5

附录 C 人防工程室内消火栓用水量

工程名称	体积或座位数	室内消防用水量/(L/s)	同时使用水枪数/支	每支水枪最小流量/(L/s)
百货商场、医院、旅馆、展览厅、旱冰场、舞厅、电子游艺场等	<1500m³	2.5	1	2.5
	>1500m³	5	2	2.5
丙、丁类生产车间	≤2500m³	2.5	1	2.5
	>2500m³	5	2	2.5
丙、丁、戊类物品库房	≤3000m³	5	2	2.5
	>3000m³	10	2	5.0
餐厅	不限	2.5	1	2.5
电影院、礼堂	≤800 座	5	2	2.5
	>800 座	10	2	5.0

附录 D 集体宿舍、旅馆和公共建筑生活用水定额及小时变化系数

序号	建筑物名称	单位	生活用水定额（最高日）/L	小时变化系数
1	集体宿舍 有盥洗室 有盥洗室和浴室	每个每日 每人每日	50～100 100～200	2.5 2.5
2	普通旅馆、招待所 有盥洗室 有盥洗室和浴室 设有浴盆的客房	每床每日 每床每日 每床每日	50～100 100～200 200～300	2.5～2.0 2.0 2.0
3	宾馆 客房	每床每日	400～500	2.0
4	医院、疗养院、休养所 有盥洗室 有盥洗室和浴室 设有浴室的病房	每病床每日 每病床每日 每病床每日	50～100 100～200 250～400	2.5～2.0 2.5～2.0 2.0
5	门诊部、诊疗所	每病人每次	15～25	2.5
6	公共浴室 有淋浴室 设有浴池、淋浴器、浴盆及理发室	每顾客每次 每顾客每次	100～150 80～170	2.0～1.5 2.0～1.5
7	理发室	每顾客每次	10～25	2.0～1.5
8	洗衣房	每公斤干衣	40～60	1.5～1.0
9	公共食堂 营业食堂 工业企业、机头、学校、居民食堂	每顾客每次 每顾客每次	15～20 10～15	2.0～1.5 2.5～2.0
10	幼儿园、托儿所 有住宿 无住宿	每儿童每日 每儿童每日	50～100 25～50	2.5～2.0 2.5～2.0

（续）

序号	建筑物名称	单位	生活用水定额 （最高日）/L	小时变化系数
11	菜市场	每平方米每次	2 ~ 3	2.5 ~ 2.0
12	办公楼	每人每班	30 ~ 50	2.5 ~ 2.0
13	中小学校（无住宿）	每学生每日	30 ~ 50	2.5 ~ 2.0
14	高等学校（有住宿）	每学生每日	100 ~ 200	2.0 ~ 1.5
15	电影院	每观众每场	3 ~ 8	2.5 ~ 2.0
16	剧院	每观众每场	10 ~ 20	2.5 ~ 2.0
17	体育场 运动员淋浴 观众 游泳池 游泳池补充水 运动员淋浴 观众	 每人每次 每人每场 每日占水池容积 每人每场 每人每场	 50 3 10% ~ 15% 60 3	 2.0 2.0 2.0 2.0

注：1. 高等学院、幼儿园、托儿所为生活用水综合指标。
　　2. 集体宿舍、旅馆、招待所、医院、疗养院、休养所、办公楼、中小学校均不包括食堂、洗衣房的用水量。
　　3. 菜市场用水指地面冲洗用水。

附录 E　污水中抑制生物处理的有毒物质的容许浓度

有毒物质	容许浓度 /（mg/L）	有毒物质	容许浓度 /（mg/L）	有毒物质	容许浓度 /（mg/L）
三价铬	10	铁	100	二硝基甲苯	12
铜	1	镉	1 ~ 5	酚	100
锌	5	氰（以 CN⁻ 计）	2	甲醛	160
镍	2	苯胺	100	硫氰酸铵	500
铅	1	苯	100	氰化钾	8 ~ 9
锑	0.2	甘油	5	醋酸铵	500
砷	0.2	二甲苯	7	吡啶	400
石油和焦油	50	己内酰胺	100	硬脂酸	300
烷基苯磺酸盐	15	苯酸	150	氯苯	10
拉开粉	100	丁酸	500	间苯二酚	100
硫化物（以 S 计）	40	戊酸	3	邻苯二酚	100
氯化钠	10000	甲醇	200	苯二酚	15
六价铬	2 ~ 5	甲苯	7		

附录 F　热水量及冷水量占混合水量的百分数

表 F-1　当供给热水温度为 55℃时热水量及冷水量占混合水量百分数（%）

混合水 温度 /℃	冷水温度/℃															
	5	6	7	8	9	10	11	12	13	14	15	16	17	18	19	20
25	40	39	38	36	35	33	32	31	29	27	25	23	21	19	17	14
	60	61	62	64	65	67	68	69	71	73	75	77	79	81	83	86
30	50	49	48	47	46	45	43	42	41	39	38	36	34	32	31	29
	50	51	52	53	54	55	57	58	59	61	62	64	66	68	69	71
35	60	59	58	58	57	56	55	54	52	51	50	49	47	46	45	43

（续）

混合水温度/℃	\	\	\	\	\	\	冷水温度/℃	\	\	\	\	\	\	\	\	\
	5	6	7	8	9	10	11	12	13	14	15	16	17	18	19	20
37	40	41	42	42	43	44	45	46	48	49	50	51	53	54	55	57
	64	63	62	62	61	60	59	58	57	56	55	54	53	51	50	49
40	36	37	38	38	39	40	41	42	43	44	45	46	47	49	50	51
	70	69	68	68	67	67	66	65	64	63	63	62	61	60	58	57
42	30	31	32	32	33	33	34	35	36	37	37	38	39	40	42	43
	74	73	72	72	72	71	70	70	69	68	68	67	66	65	64	63
45	26	27	28	28	28	29	30	30	31	32	32	33	34	35	36	37
	80	80	79	79	78	78	77	77	76	76	75	75	74	73	72	72
50	20	20	21	21	22	22	23	23	24	24	25	25	26	27	28	28
	90	90	89	89	89	89	89	89	89	88	88	88	88	87	87	86
55	10	10	11	11	11	11	11	11	12	12	12	12	12	13	13	14
	100	100	100	100	100	100	100	100	100	100	100	100	100	100	100	100
	0	0	0	0	0	0	0	0	0	0	0	0	0	0	0	0

表F-2　当供给水温度为60℃时热水量及冷水量占混合水量百分数（%）

混合水温度/℃	\	\	\	\	\	\	冷水温度/℃	\	\	\	\	\	\	\	\	\
	5	6	7	8	9	10	11	12	13	14	15	16	17	18	19	20
25	36	35	34	33	31	30	29	27	26	24	22	20	19	17	15	13
	64	65	66	67	69	70	71	73	74	76	78	80	81	83	85	87
30	45	44	45	42	41	40	39	37	36	35	32	31	30	29	28	25
	55	56	57	58	59	60	61	63	64	65	68	69	70	71	73	75
35	55	54	53	52	51	50	49	48	47	46	44	43	42	41	39	38
	45	46	47	48	49	50	51	52	53	54	56	57	58	59	61	62
37	58	57	57	56	55	54	53	52	51	50	49	48	47	45	44	43
	42	43	43	44	45	46	47	48	49	50	51	52	53	55	56	57
40	64	63	62	62	61	60	59	58	57	57	56	55	54	52	51	50
	36	37	38	38	39	40	41	42	43	43	44	45	46	48	49	50
42	67	67	66	65	65	64	63	62	62	61	60	59	58	57	56	55
	33	33	34	35	35	36	37	38	38	39	40	41	42	43	44	45
45	73	72	72	71	71	70	69	69	68	67	67	66	65	64	64	63
	27	28	28	29	29	30	31	31	32	33	33	34	35	36	36	37
50	82	81	81	81	80	80	80	79	79	78	78	77	77	76	76	75
	18	19	19	19	20	20	20	21	21	22	22	23	23	24	24	25
55	91	91	91	90	90	90	90	90	89	89	89	89	89	88	88	88
	09	09	09	10	10	10	10	10	11	11	11	11	11	12	12	12
60	100	100	100	100	100	100	100	100	100	100	100	100	100	100	100	100
	0	0	0	0	0	0	0	0	0	0	0	0	0	0	0	0

表F-3　当供给热水温度为65℃时热水量及冷水量占混合水量百分数（%）

混合水温度/℃	\	\	\	\	\	\	冷水温度/℃	\	\	\	\	\	\	\	\	\
	5	6	7	8	9	10	11	12	13	14	15	16	17	18	19	20
25	33	32	31	30	29	27	26	25	23	22	20	18	17	15	13	12
	67	68	69	70	71	73	74	75	77	78	80	82	83	85	87	88
30	42	41	40	39	38	36	35	34	33	31	30	29	27	26	24	22
	58	59	60	61	62	64	65	66	67	69	70	71	73	74	76	78
35	50	41	48	47	46	45	44	43	42	41	40	39	37	36	35	33
	50	59	52	53	54	55	56	57	58	59	60	61	63	64	65	67

（续）

混合水温度/℃	冷水温度/℃															
	5	6	7	8	9	10	11	12	13	14	15	16	17	18	19	20
37	53	52	52	51	50	49	48	47	46	45	44	43	42	40	39	37
	47	48	48	49	50	51	52	53	54	55	56	57	58	60	61	63
40	58	58	57	56	55	55	54	53	52	51	50	49	48	47	46	44
	42	42	43	44	45	45	46	47	48	49	50	51	52	53	54	56
42	62	61	60	60	59	58	57	56	56	55	54	53	52	51	50	48
	38	39	40	40	41	42	43	44	44	45	46	47	48	49	50	52
45	67	66	65	65	64	64	63	62	62	61	60	59	58	57	56	54
	33	34	35	35	36	36	37	38	38	39	40	41	42	43	44	46
50	75	75	74	74	73	73	72	72	71	71	70	69	69	68	67	65
	25	25	26	26	27	27	28	28	29	29	30	31	31	32	33	35
55	83	83	83	82	82	82	81	81	81	80	80	80	79	79	78	76
	17	17	17	18	18	18	19	19	19	20	20	20	21	21	22	24
60	92	92	91	91	91	91	91	91	90	90	90	90	90	90	89	87
	08	08	09	09	09	09	09	09	10	10	10	10	10	10	11	13
65	100	100	100	100	100	100	100	100	100	100	100	100	100	100	100	100
	0	0	0	0	0	0	0	0	0	0	0	0	0	0	0	0

参 考 文 献

[1]   赵继洪. 给排水设备管理与维修 [M]. 北京：中国劳动社会保障出版社，2015.

[2]   赵继洪. 空气调节技术与应用 [M]. 北京：机械工业出版社，2015.

[3]   赵继洪. 中央空调安装与维修 [M]. 北京：北京出版集团公司北京出版社，2015.

[4]   赵继洪. 中央空调系统运行管理与维护 [M]. 北京：高等教育出版社，2015.

[5]   赵继洪. 中央空调运行与管理技术 [M]. 北京：电子工业出版社，2013.

[6]   张国东. 冷库设计及实例 [M]. 北京：化学工业出版社，2012.

[7]   邓锦军，蒋文胜. 冷库的安装与维修 [M]. 北京：机械工业出版社，2011.

[8]   吴继红，李佐周. 中央空调工程设计与施工 [M]. 北京：高等教育出版社，2009.

[9]   王海滔. 给排水设备管理与维修 [M]. 北京：中国劳动社会保障出版社，2001.

[10]   田国庆，孙秀清. 制冷与空调系统给排水 [M]. 北京：中国商业出版社，1997.

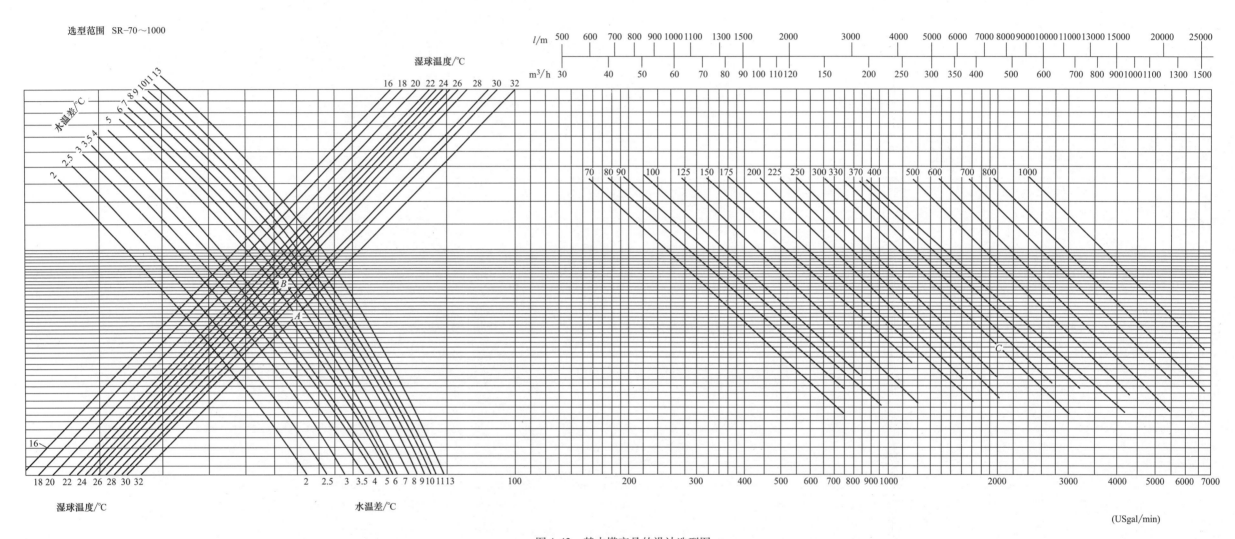

图 4-42　某水塔产品的设计选型图